高等职业教育机电类专业教学改革规划教材
湖南省高职高专精品课程配套教材

模 具 钳 工

主　编　夏致斌
参　编　欧阳波仪　彭广威
主　审　刘海渔

机械工业出版社

本书根据工作过程导向课程的改革要求，落实理论与实践一体化教学方式，共编写了手锤制作，螺母螺杆制作，样板制作，冲压模具的手工制作，冲压模装配、安装与调试，塑料模装配、安装与调试，模具维修等 7 个学习项目。每个项目都以项目工作任务的过程为引导，综合模具钳工知识、技能和能力以及职业素质，培养学习者的职业习惯和能力。本书不仅可以满足高职高专的模具设计与制造专业、机电一体化专业、机械制造与控制专业的教学需要，同时也可作为有关工程技术人员的培训教材。

图书在版编目（CIP）数据

模具钳工/夏致斌主编．—北京：机械工业出版社，2009.8（2015.1 重印）
高等职业教育机电类专业教学改革规划教材
ISBN 978-7-111-28112-2

Ⅰ. 模… Ⅱ. 夏… Ⅲ. 模具－钳工－高等学校：技术学校－教材
Ⅳ. TG76

中国版本图书馆 CIP 数据核字（2009）第 148055 号

机械工业出版社（北京市百万庄大街 22 号　邮政编码 100037）
策划编辑：边　萌　责任编辑：边　萌　版式设计：霍永明
责任校对：李秋荣　封面设计：鞠　杨　责任印制：乔　宇
北京机工印刷厂印刷（三河市南杨庄国丰装订厂装订）
2015 年 1 月第 1 版第 4 次印刷
184mm×260mm・9 印张・220 千字
9 001—11 000 册
标准书号：ISBN 978-7-111-28112-2
定价：20.00 元

凡购本书，如有缺页、倒页、脱页，由本社发行部调换

电话服务　　　　　　　　　　网络服务

服务咨询热线：(010)88379833　机工官网：www.cmpbook.com
　　　　　　　　　　　　　　　机工官博：weibo.com/cmp1952
读者购书热线：(010)88379649　教育服务网：www.cmpedu.com
封面无防伪标均为盗版　　　　金书网：www.golden-book.com

高等职业教育机电类专业教学改革规划教材
湖南省高职高专精品课程配套教材
编写委员会

主 任 委 员：刘茂福

副主任委员：谭海林　张秀玲

委　　　员：汤忠义　张若锋　张海筹　罗正斌
　　　　　　　欧阳波仪　阳祎　李付亮　黄新民
　　　　　　　皮智谋　欧仕荣　彭梦龙　钟振龙
　　　　　　　钟　波　钱　毅　何恒波　蔡　毅
　　　　　　　谭　锋　陈朝晖　谢圣泉　皮　杰

前 言

模具是工业生产中使用极为广泛的基础工艺装备。在汽车、电机、电器、电子、通信、家电和轻工等行业中，60%~80%的零件都要依靠模具成形。随着近年来这些行业的迅速发展，对模具的需求越来越迫切，精度要求越来越高，结构也越来越复杂。模具生产技术的高低，已成为衡量一个国家产品制造水平的重要标准。

目前的制造装备水平发展迅速，现代模具钳工技术已经超越了传统的、低精度的锉、钻、配等简单操作，主要关注高精度的研磨、装配、安装和调试等操作。为了更好地满足职业技术教育教学改革的需要，克服原有教材技术内容比较陈旧，理论课内容偏深、偏难的弊端，株洲职业技术学院模具教研室借鉴"基于工作过程"职业教育的研究成果，整理、总结了教学讲义、课件等教学素材，创新了教学方法、手段和培养模式，编写了本教材。

本教材根据基于工作过程开发的课程内容的要求，落实理论与实践知识的综合，职业技能与职业态度、情感的综合，设计了手锤制作，螺母螺杆制作，样板制作，冲压模具的手工制作、冲压模装配、安装与调试、塑料模装配、安装与调试、模具维修等7个学习模块。每个学习模块都是一项具体的行动化学习任务，所有内容的安排都围绕学习任务的完成来展开。书中对一些典型课题如模具零件加工工艺和测量方法、模具装配和维修作了较详细的分析和介绍，有利于提高学生的综合技能水平及分析、处理问题的能力。

根据课程内容综合化的原则，本教材通过将职业岗位的具体案例融入教学单元，构成学习情境，使得理论知识不再是抽象无物的东西，同时，实践教学也不再是单纯的技能训练，而是理论支持下的职业实践活动。学生的学习内容不再脱离企业生产实际过程，而是取自企业的典型工作项目或任务，实现了学习内容与企业实际运用的新知识、新技术、新工艺、新方法的同步，学习与就业的同步（学习即工作）。

与本教材配套的还有相应的授课教案、课件和习题集。

本教材项目一~二由夏致斌编写，项目三~四由彭广威编写，项目五~七由欧阳波仪编写，全书由夏致斌担任主编，刘海渔担任主审。本教材的编写得到了株洲职业技术学院各级领导的重视和支持，并得到了兄弟院校各同仁的指导和帮助，在此对他们表示感谢。

由于时间和编者水平有限，书中难免存在某些缺点或错误，敬请读者批评指正。

编 者

目　录

前言
项目一　手锤制作 ………………………… 1
　　知识目标 ………………………………… 1
　　能力目标 ………………………………… 1
　　理论知识 ………………………………… 1
　　　一、钳工基础 …………………………… 1
　　　二、钳工工作场地 ……………………… 2
　　　三、钳工常用设备 ……………………… 2
　　　四、划线知识 …………………………… 4
　　　五、錾削加工 …………………………… 12
　　　六、锉削加工 …………………………… 18
　　　七、锯削加工 …………………………… 24
　　　八、钻削加工 …………………………… 28
　　　九、钳工常用量具 ……………………… 38
　　任务实施 ………………………………… 48
　　　一、任务分析 …………………………… 48
　　　二、制订工作计划 ……………………… 48
　　　三、设计工艺规程 ……………………… 49
　　　四、制作手锤 …………………………… 49
　　　五、产品质量检验 ……………………… 50
　　　六、考核评价 …………………………… 50
　　拓展练习 ………………………………… 50
项目二　螺母螺杆制作 …………………… 52
　　知识目标 ………………………………… 52
　　能力目标 ………………………………… 52
　　理论知识 ………………………………… 52
　　　一、常用螺纹的种类 …………………… 52
　　　二、攻螺纹 ……………………………… 52
　　　三、套螺纹加工 ………………………… 57
　　　四、六角体锉削加工 …………………… 59
　　任务实施 ………………………………… 60
　　　一、任务分析 …………………………… 60
　　　二、制订工作计划 ……………………… 60
　　　三、设计工艺方案 ……………………… 61
　　　四、加工螺母、螺杆 …………………… 61
　　　五、产品质量检验 ……………………… 62
　　　六、考核评价 …………………………… 62

　　拓展练习 ………………………………… 63
项目三　样板制作 ………………………… 64
　　知识目标 ………………………………… 64
　　能力目标 ………………………………… 64
　　理论知识 ………………………………… 64
　　　一、样板的种类及其使用 ……………… 64
　　　二、样板在模具制造中的应用 ………… 65
　　　三、样板的制造方法和技术要求 ……… 66
　　　四、曲面锉削方法 ……………………… 67
　　　五、内直角面锉削 ……………………… 68
　　任务实施 ………………………………… 69
　　　一、任务分析 …………………………… 69
　　　二、制订工作计划 ……………………… 69
　　　三、设计工艺方案 ……………………… 70
　　　四、样板制作 …………………………… 70
　　　五、样板质量检验 ……………………… 73
　　　六、考核评价 …………………………… 73
　　拓展练习 ………………………………… 73
项目四　冲压模的手工制作 ……………… 74
　　知识目标 ………………………………… 74
　　能力目标 ………………………………… 74
　　理论知识 ………………………………… 74
　　　一、冲模手工制作要求 ………………… 74
　　　二、二类样板的设计 …………………… 75
　　　三、模具零件的研磨 …………………… 76
　　　四、模具零件的抛光 …………………… 78
　　　五、冲压模手工制作方法 ……………… 81
　　任务实施 ………………………………… 83
　　　一、任务分析 …………………………… 83
　　　二、制订工作计划 ……………………… 83
　　　三、设计工艺方案 ……………………… 83
　　　四、加工样板、凸模和凹模 …………… 84
　　　五、样板测量，凸模和凹模配检 ……… 86
　　　六、考核评价 …………………………… 86
　　拓展练习 ………………………………… 86
项目五　冷冲模装配、安装与调试 ……… 87
　　知识目标 ………………………………… 87

能力目标 …………………………… 87
　　理论知识 …………………………… 87
　　　一、冲压模装配技术要求 ………… 87
　　　二、装配工艺过程 ………………… 87
　　　三、模柄的装配 …………………… 89
　　　四、导柱和导套的装配 …………… 90
　　　五、凸模和凹模的装配 …………… 92
　　　六、冲裁间隙控制 ………………… 94
　　　七、模具的安装 …………………… 95
　　　八、模具调试 ……………………… 98
　　任务实施 …………………………… 100
　　　一、任务分析 ……………………… 100
　　　二、制订工作计划 ………………… 101
　　　三、设计装配工艺流程 …………… 102
　　　四、模具装配、安装和调试 ……… 102
　　　五、检测装配质量、试模产品质量 …… 103
　　　六、考核评价 ……………………… 104
　　拓展练习 …………………………… 104
　　　一、弯曲模的调试 ………………… 104
　　　二、拉深模的调试 ………………… 105
项目六　塑料模装配、安装与调试 …… 107
　　知识目标 …………………………… 107
　　能力目标 …………………………… 107
　　理论知识 …………………………… 107
　　　一、塑料模装配技术要求 ………… 107
　　　二、成型零件的装配 ……………… 107
　　　三、型腔型芯的修磨 ……………… 110
　　　四、滑块抽芯机构的装配 ………… 111
　　　五、浇口套的装配 ………………… 113
　　　六、导柱、导套的装配 …………… 113
　　　七、顶出机构的装配 ……………… 114
　　　八、塑料模的安装 ………………… 115
　　　九、塑料模的调试 ………………… 116
　　任务实施 …………………………… 118
　　　一、任务分析 ……………………… 118
　　　二、制订工作计划 ………………… 118
　　　三、设计装配工艺流程 …………… 119
　　　四、装配、安装和调试 …………… 119
　　　五、检测装配质量、试模产品质量 …… 120
　　　六、考核评价 ……………………… 121
　　拓展练习 …………………………… 121
项目七　模具维修 …………………… 122
　　知识目标 …………………………… 122
　　能力目标 …………………………… 122
　　理论知识 …………………………… 122
　　　一、模具维护保养的意义与内容 … 122
　　　二、合理使用和正确维护模具 …… 123
　　　三、模具技术鉴定 ………………… 124
　　　四、模具修配的工艺过程 ………… 125
　　　五、模具随机修理的方法 ………… 126
　　　六、随机修磨变钝了的凸、凹模
　　　　　刃口 …………………………… 126
　　　七、模具的检修方法和步骤 ……… 127
　　　八、塑料模的维修 ………………… 128
　　　九、螺钉及螺纹孔修理 …………… 129
　　　十、磨损圆柱销孔修理 …………… 129
　　　十一、冲模定位零件修理 ………… 130
　　　十二、冲模工作零件修复 ………… 130
　　　十三、导向零件的修复 …………… 134
　　任务实施 …………………………… 135
　　　一、任务分析 ……………………… 135
　　　二、制订工作计划 ………………… 135
　　　三、设计工艺流程 ………………… 135
　　　四、修理、装配、安装和调试 …… 135
　　　五、检查模具修复效果和试模产品
　　　　　质量 …………………………… 135
　　　六、考核评价 ……………………… 136
　　拓展练习 …………………………… 136
参考文献 ……………………………… 137

项目一 手锤制作

【知识目标】
◇ 一般的平面划线及立体划线方法。
◇ 錾削、锉削、锯削等平面加工基本方法,掌握钻孔、铰孔等孔加工方法。
◇ 钳工常用量具的认识及使用方法。

【能力目标】
◇ 会使用划线工具进行平面划线和立体划线。
◇ 能正确使用錾削、锉削、锯削工具加工出合格的零件。
◇ 会依据图样选用钻头,使用钻床进行各种孔的加工。
◇ 会使用常用量具进行测量。
◇ 通过手工加工和检测养成吃苦耐劳和精益求精的作风。

理 论 知 识

一、钳工基础

在人类改造客观世界的过程中,大量地使用了各种各样的机器与设备,如交通运输中的汽车、火车、轮船、飞机;建筑施工中的起重设备;机械加工中的各种机床;工业、民用制冷空调机组等。这些机器或设备是由零件组成的,而零件都是由工程材料(如钢铁、有色金属、复合材料等)制造成的。

机械制造的生产过程就是"毛坯制造、零件加工、机器装配"的过程,它是按照一定的顺序进行的,如图 1-1 所示。

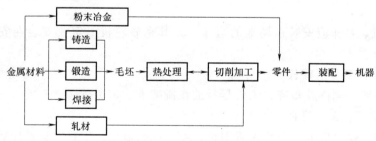

图 1-1 机械制造的过程

为了完成整个生产过程,机械制造厂一般都有铸工、锻工、焊接工、热处理工、车工、钳工、铣工、磨工等多个工种。其中,钳工是起源较早、技术性较强的工种之一。

钳工是使用钳工工具或设备,主要从事工件的划线与加工,机器的装配与调试,设备的安装与维修及工具的制造与修理等工作的工种,应用在以机械加工方法不方便或难以解决的场合。其特点是以手工操作为主、灵活性强、工作范围广、技术要求高,操作者的技能水平直接影响产品质量。钳工是机械制造业中不可或缺的工种。

伴随着科学技术的飞速发展，机械制造正在经历着一个从传统的技艺型制造技术向自动化、最优化、柔性化、智能化、集成化和精密化制造技术发展的巨大变化。各种新工艺、新设备、新技术、新材料的大量出现与推广应用，客观上使钳工的工作范围越来越广泛，分工越来越细，对钳工的技术水平也提出了更高的要求。

目前，我国现行《国家职业标准》将钳工划分为装配钳工、机修钳工和工具钳工三类。

1. 装配钳工

主要从事工件加工、机器设备的装配、调整工作。

2. 机修钳工

主要从事机器设备的安装、调试和维修。

3. 工具钳工

主要从事工具、夹具、量具、辅具、模具、刀具的制造和修理。

尽管分工不同，但无论哪类钳工，都应当掌握扎实的专业理论知识，具备精湛的操作技艺。如划线、錾削、锯削、锉削、钻孔、扩孔、锪孔、铰孔、攻螺纹、套螺纹、矫正、弯形、铆接、刮削、研磨以及机器装配调试、设备维修、基本测量和简单的热处理等。

模具是当代工业生产中使用极其广泛的主要工艺装备。利用模具生产机器零件，具有效率高、成本低、节约原材料、零件互换性好等优点，是当代工业生产的重要手段和发展方向。汽车制造业、电子行业、日用品的加工等诸多领域的发展与模具工业的发展水平息息相关。模具钳工的主要工作是模具制造、修理、维护以及更新。除模具之外，模具钳工的工作范畴也包括各种夹具、钻具、量具的制作与维护。此外，某些行业还要求模具钳工有能力对一些有特殊要求的工装设备进行设计、加工、组装、测试、校准等。

二、钳工工作场地

钳工工作场地是指钳工的固定工作地点。为工作方便，钳工工作场地布局一定要合理，符合安全文明生产的要求。

1. 合理布置主要设备

（1）钳工工作台应安放在光线适宜、工作方便的地方，面对面放置的钳工工作台还应在中间装置安全网。

（2）砂轮机、钻床应安装在场地的边缘，尤其是砂轮机一定要安装在安全、可靠的地方。

2. 毛坯和工件要分别存放

毛坯和工件要分别摆放整齐，工件尽量放在搁架上，以免磕碰。

3. 合理摆放工、夹、量具

常用工、夹、量具应放在工作位置附近，便于随时取用。工具、量具用后及时保养并放回原处存放。

4. 工作场地应保持整洁

每个工作日下班后应按要求对设备进行清理、润滑，并把工作场地打扫干净。

三、钳工常用设备

1. 钳桌

钳桌，如图 1-2 所示，也称钳工台、钳台。其主要作用是安装台虎钳和存放钳工常用的工、夹、量具。

2. 台虎钳

台虎钳是用来夹持工件的通用夹具，其规格用钳口宽度来表示，常用规格有100mm、125mm和150mm等。

台虎钳有固定式和回转式两种，如图1-3所示。两者的主要结构和工作原理基本相同，其不同点是回转式台虎钳比固定式台虎钳多了一个底座，工作时钳身可在底座上回转，因此使用方便、应用范围广，可满足不同方位的加工需要。

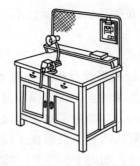
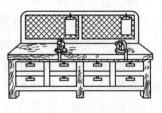

图1-2 钳工台

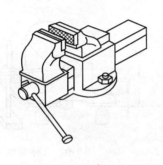
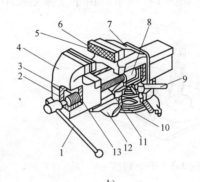

a)　　　　　　　　　b)

图1-3 台虎钳
a) 固定式　b) 回转式

1—手柄　2—弹簧　3—挡圈　4—活动钳身　5—钢制钳口　6—螺钉　7—固定钳身
8—丝杠螺母　9—夹紧手柄　10—夹紧螺母　11—丝杠　12—转座　13—开口销

使用台虎钳的注意事项：

（1）夹紧工件时要松紧适当，只能用手扳紧手柄，不得借助其他工具加力。

（2）强力作业时，应尽量使力朝向固定钳身。

（3）不许在活动钳身和光滑平面上敲击作业。

（4）对台虎钳内丝杠、螺母等活动表面应经常清洗、润滑，以防生锈。

3. 砂轮机

砂轮机是用来刃磨各种刀具、工具的常用设备，由电动机、砂轮机座、托架和防护罩等部分组成，如图1-4所示。

砂轮较脆、转速较高，使用时应严格遵守以下安全操作规程：

（1）砂轮机的旋转方向要正确，只能使磨屑向下飞离砂轮。

（2）砂轮机起动后，应在砂轮旋转平稳后再进行磨屑。若砂轮跳动明显，应及时停机修整。

（3）砂轮机托架和砂轮之间的距离应保持在3mm以内，以防工件扎入造成事故。

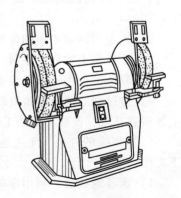

图1-4 砂轮机

(4) 磨削时操作者应站在砂轮机的侧面,不可面对砂轮,且用力不宜过大。

四、划线知识

1. 划线的作用与划线方法

(1) 划线概述 划线是指根据设计图样或技术要求,在毛坯或工件上用划线工具划出待加工部位的轮廓线或作为基准的点、线的操作过程。通过划线所标明的点、线,反映了工件某部位的形状、尺寸和特性,并确定了加工的尺寸界线。

划线分平面划线和立体划线两种。只需在工件的一个表面上划线,就能明确表示加工界线的划线过程,称为平面划线,如图1-5所示;需要在工件的几个互成不同角度的表面(通常是互相垂直,反映工件三个方向的表面)上划线,才能明确表示加工界线的划线过程,称为立体划线,如图1-6所示。由于立体划线中包含大量的平面划线,所以平面划线是立体划线的基础。

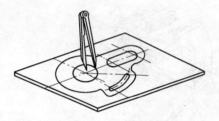

图1-5 平面划线

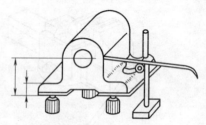

图1-6 立体划线

按加工中的作用,划线又可分为:划加工线、证明线和找正线三种,如图1-7所示。其中根据图样的尺寸要求,在工件表面上划出作为加工界限的线,称为加工线;而用来检查发现工件在加工后的各种差错,甚至在出现废品时,作为分析原因的线,称为证明线;工件在机床上加工时,用以校正或定位的线,称为找正线。

(2) 划线的作用 划线工作可以在毛坯上进行,也可以在已加工表面上进行,其作用如下:

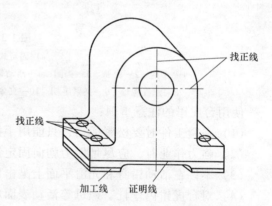

图1-7 工件的加工线、找正线和证明线

1) 确定工件加工面的位置及加工余量,明确尺寸的加工界线,以便实施机械加工。

2) 在板料上按划线下料,可以正确排样,合理使用材料。

3) 复杂工件在机床上装夹时,可按划线位置找正、定位和夹紧。

4) 通过划线能及时地发现和处理不合格的毛坯(如:通过借料划线可以使误差不大的毛坯得到补救,使加工后的工件仍能达到要求),避免加工后造成更大的损失。

(3) 划线的方法 无论是平面划线还是立体划线,在具体实施划线操作时,常采用以下方法:

1) 普通划线法 利用常规划线工具,以基本线条或典型曲线的划线法进行划线,划线精度可达0.1~0.2mm。

2) 样板划线法 利用样板(可由钳工制作或机加工制作),以某一基准为依据,在坯料上按样板划出加工界线。这种方法常用于复杂形状工件的划线。

3）精密划线法 利用工具铣床、样板铣床及坐标镗床等设备进行划线，划线精度可达微米级。精密划线的加工线，可直接作为加工测量的基准。

2. 常用划线工具名称及用途见表1-1

表1-1 常用划线工具名称及用途

工具名称	型 式	用 途
平板		用铸铁制成，表面经过精刨或刮削加工。它的工作表面是划线及检测的基准
划线盘		划线盘是用来在工件上划线或找正工件位置的常用工具。划针的直头一端（焊有高速钢或硬质合金）用来划线，而弯头一端常用来找正工件位置 划线时划针应尽量处于水平位置，不要倾斜太大，划针伸出部分应尽量短些，并要牢固地夹紧。操作时划针应与被划线工件表面之间保持40°～60°夹角（沿划线方向）
划针		划针是划线用的基本工具。常用的划针是用 $\phi 3 \sim \phi 6$ 弹簧钢丝或高速钢制成，尖端磨成15°～20°的尖角（图a），并经过热处理，硬度可达55～60HRC。有的划针在尖端部位焊有硬质合金，使针尖能保持长期锋利 划线时针尖要靠紧导向工具的边缘，上部向外侧倾斜15°～20°，向划线方向倾斜45°～75°（图b）。划线要做到一次划成，不要重复地划同一根线条。力度适当，才能使划出的线条既清晰又准确，否则线条变粗，反而模糊不清
划规		划规用来划圆和圆弧、等分线段、等分角度以及量取尺寸等。划规用中碳钢或工具钢制成，两脚尖端经过热处理，硬度可达48～53HRC。有的划规在两脚端部焊上一段硬质合金，使用时耐磨性更好 常用划规有普通划规（图a），扇形划规（图b）、弹簧划规（图c）三种 使用划规划圆有时两尖脚不在同一平面上（图d），即所划线中心高于（或低于）所划圆周平面，则两尖角的距离就不是所划圆的半径，此时应把划规两尖脚的距离调为 $$R = \sqrt{r^2 + h^2}$$ 式中 r——所划圆的半径； h——划规两尖角高低差的距离

(续)

工具名称	型　式	用　途
大尺寸划规		大尺寸划规是专门用来划大尺寸圆或圆弧的。在滑杆上调整两个划规角，就可得到所需的尺寸
长划规		长划规又称"地规"。长划规带有游标分度，游标划针可调整距离，另一划针可调整高低，适用于大尺寸划线和在阶梯面上划线
专用划规		与长划规相似，可利用零件上的孔为圆心划同心圆或弧，也可以在阶梯面上划线
单脚划规	a)　　b)	单脚划规是用碳素工具钢制成，划线尖端焊上高速钢 单脚划规可用来求圆形工件中心（图a），操作比较方便。也可沿加工好的平面划平行线（图b）
高度游标卡尺		这是一种精密的划线与测量结合的工具，要注意保护划刀刃（有的划刀刃焊有硬质合金）
样冲	60°	样冲是用工具钢制成，并经热处理，硬度可达55～60HRC，其尖角磨成60°。也可用报废的刀具改制 使用时样冲应先向外倾斜，以便于样冲尖对准线条，对准后再立直，用锤子锤击

(续)

工具名称	型 式	用 途
90°角尺		在划线时常用作划平行线或垂直线的导向工具，也可用来找正工件在划线平台上的垂直位置
三角板		常用2~3mm的钢板制成，表面没有尺寸分度，但有精确的两条直角边及30°、45°、60°斜面，通过适当组合，可用于划各种特殊角度线
曲线板		用薄钢板制成，表面平整光洁，常用来划各种光滑的曲线
中心架		调整带尖头的可伸缩螺钉，可将中心架固定在工件的空心孔中，以便于划中心线时在其上定出孔的中心
方箱		方箱是用灰铸铁制成的空心立方体或长方体，其相对平面互相平行、相邻平面互相垂直。划线时，可用C形夹头将工件夹于方箱上，再通过翻转方箱，便可在一次安装情况下，将工件上互相垂直的线全部划出来 方箱上的V形槽平行于相应的平面，是装夹圆柱形工件用的
V形铁		一般V形铁都是一副两块，两块的平面与V形槽都是在一次安装中磨削加工的。V形槽夹角为90°或120°，用来支承轴类零件，带U形夹的V形铁可翻转三个方向，可在工件上划出相互垂直的线
角铁		角铁一般是用铸铁制成的，它有两个互相垂直的平面。角铁上的孔或槽是搭压板时穿螺栓用的

(续)

工具名称	型　式	用　途
千斤顶		千斤顶是用来支持毛坯或形状不规则的工件而进行立体划线的工具。它可调整工件的高度，以便安装不同形状的工件 用千斤顶支持工件时，一般要同时用3个千斤顶支承在工件的下部，3个支承点离工件重心应尽量远一些，3个支承点所组成的三角形面积应尽量大，在工件较重的一端放2个千斤顶，较轻的一端放1个千斤顶，这样比较稳定 带V形块的千斤顶，是用于支持工件圆柱面的
斜垫铁		用来支持和垫高毛坯工件，能对工件的高低作少量的调节

3. 划线基准的选择

划线时，要选择工件上某个点、线或面作为依据，用它来确定工件其他的点、线、面的尺寸和位置，这个依据称为划线基准。划线基准应包括以下3个：

尺寸基准——在选择划线尺寸基准时，应先分析图样，找正设计基准，使划线的尺寸基准与设计基准一致，从而能够直接量取划线尺寸，简化换算过程。

放置基准——尺寸基准选好后，就要考虑工件在划线平板或方箱、V形铁上的放置位置，即找出最合理的放置位置。

校正基准——选择校准基准，主要是指毛坯工件放置在平台上后，校正哪个面（或点和线）的问题。通过校正基准，能使工件上有关的表面处于合适的位置。

平面划线时一般要划2个互相垂直方向的线条，立体划线时一般要划3个互相垂直方向的线条。因为每划一个方向的线条，就必须确定一个基准，所以平面划线时要确定2个基准，而立体划线时要确定3个基准。

无论平面划线还是立体划线，它们的基准选择原则是一致的。所不同的是把平面划线的基准变为立体划线的基准平面或基准中心平面。

（1）划线基准选择原则

1）划线基准应尽量与设计基准重合。

2）对称形状的工件，应以对称中心线为基准。

3）有孔或凸台的工件，应以主要的孔或凸台中心线为基准。

4）在未加工的毛坯上划线，应主要以不加工面作基准。

5）在加工过的工件上划线，应以加工过的表面作基准。

（2）常用划线基准类型

1）以两个互相垂直的平面（或线）为基准。图1-8所示的工件在两个相互垂直的平面（在图样上是一条线）的方向上都有尺寸要求，因此，应以两个平面为尺寸基准。

2）以一个平面（或直线）和一条中心线为基准。如图1-9所示，工件高度方向的尺寸是以底面为依据，宽度方向的尺寸对称于中心线。因此，在划高度尺寸线时应以底平面为尺寸基准，划宽度尺寸线时应以中心线为尺寸基准。

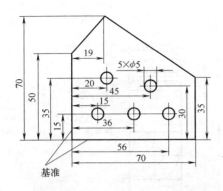
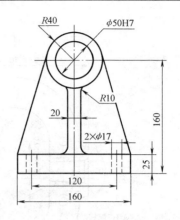

图 1-8 以两个互相垂直的平面为基准　　　图 1-9 以一个平面和一条中心线为基准

3）以两条相互垂直的中心线为基准。如图 1-10 所示，零件两个方向尺寸与中心线具有对称性，并且其他尺寸也是从中心线开始标注。因此在划线时应选择中心十字线为尺寸基准。以上 3 种情况均以设计基准作为划线基准，是用于平面划线的。

对于工艺要求复杂的工件，为了保证加工质量，需要分几次划线，才能完成整个划线工作。对同一个工件，在毛坯件上划线称之为第一次划线，待车或铣等加工后，再进行划线时，则称之为第二次划线……。在选择划线基准时，需要根据不同的划线次数，选择不同的划线基准，这种方法称"按划线次数选择划线基准"。图 1-11 为齿轮泵体零件，第一次划线时，应选择 φ24mm 凸台的水平中心线为基准，距 50mm 划出底面 A 的加工线，并

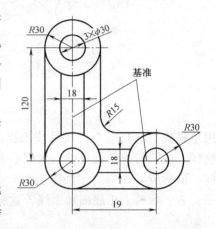

图 1-10 以两条相互垂直的中心线为基准

以底面 A 的垂直中心线为基准，划出 B、C 的加工线（选择 φ24mm 凸台为基准，保证 Rc3/8 螺孔与凸台壁厚的均匀）。第二次划线是在 A、B、C 三个面加工后进行，这时应选择底面 A 为基准（划线基准与设计基准一致），划出距底面 A 50mm 的 Rc3/8 螺孔的中心线，这样保证了划线质量。

再有对圆形零件进行划线时，应以圆形零件的中心线为基准。对对称零件进行划线时应以零件的对称轴为划线基准。

4. 划线时的找正和借料

立体划线在很多情况下是对铸、锻件进行的，而各种铸、锻件由于种种原因会出现形状歪斜、偏心、各部分壁厚不均匀等缺陷。当形位误差不大时，可以通过划线找正和借料的方法来补救。

（1）找正　找正就是利用划线工具（如划线盘、角尺、单脚规等）使工件上有关的毛坯表面都处于合适的位置。找正的方法与作用如下：

1）当毛坯上有不加工表面时，应按不加工表面找正后再划线，这样可使加工表面与不加工表面之间保持尺寸均匀。如图 1-12 所示的轴承架毛坯，内孔与外圆不同心，底面和 A 面不平行，划线前应找正。在划内孔加工线之前，应先以外圆（不加工表面）为找正依据，

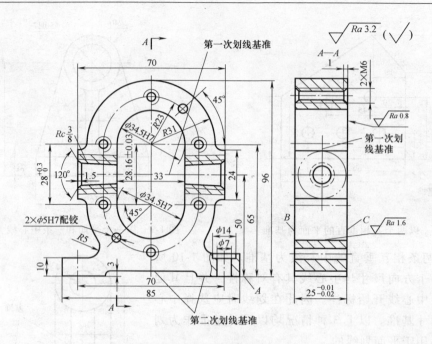

图 1-11 齿轮泵体

用单脚规找出其中心,然后按求出的中心划出内孔的加工线。这样,内孔与外圆就可以达到同心的要求。在划轴承座底面之前,同样应以 A 面(不加工表面)为依据,用划线盘找正成水平位置,然后划出底面加工线,这样,底座各处的厚度就比较均匀。

2)当工件上有两个以上不加工表面时,应选择其中面积较大、较重要的或外观质量要求较高的为主要找正依据,同时兼顾其他次要的不加工表面,使划线后的加工表面与不加工表面之间的尺寸,如壁厚、凸台的高低等都尽量均匀和符合要求,而把无法弥补的误差反映到较次要的或不明显的部位上去。

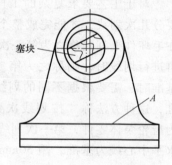

图 1-12 毛坯工件的找正

3)当工件上没有不加工表面时,应对各加工表面自身位置找正后再划线,这样可使各加工表面的加工余量得到合理的分配,避免加工余量相差悬殊。

4)有装配关系的非加工部位,应优先作为找正基准,以保证工件经划线和加工后能顺利地进行装配。

(2)借料 当工件上的误差或缺陷用找正后的划线方法不能补救时,可采用借料的方法来解决。

借料就是通过试划和调整,使各个加工面的加工余量合理分配,互相借用,从而保证各加工表面都有足够的加工余量,使有误差或缺陷的坯料得以补救而成为合格坯料。

1)借料划线的一般步骤

① 测量工件的误差情况,找出偏移部位并测量出偏移量。

② 根据所找出的偏移量,对照各表面的加工余量,分析坯料的可补救性。若不能补救,则坯料即为废品;若能补救,则确定借料的方向和大小,合理分配各部位的加工余量,

划出基准线。

③ 以基准线为依据，按图样要求，依次划出其余各线。

④ 检查各表面的加工余量是否合理，如不合理，则应继续借料，重新划线，直至各表面都有合适的加工余量为止。

2）借料操作实例

① 图 1-13 所示的圆环是一个锻造毛坯，其内、外圆都要加工。图 1-13b 所示为合格毛坯划线。若锻造毛坯的内、外圆偏心较大，以外圆找正划内孔加工线时，内孔有个别部分的加工余量不够（图 1-14a）；同样以内孔找正划外圆加工线，则外圆个别部分的加工余量也不够（图 1-14b）。只有在内孔和外圆都兼顾的情况下，适当地将圆心选在锻件内孔和外圆圆心之间的一个适当位置上划线，才能使内孔和外圆都有足够的加工余量（图 1-14c）。

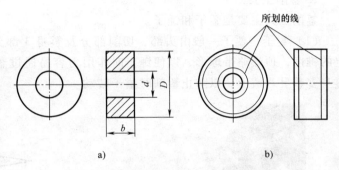

图 1-13 圆环工件图及划线
a) 圆环锻造毛坯 b) 合格的划线

② 某轴承座的尺寸要求如图 1-15a 所示。铸造后的毛坯，其内孔出现了偏心，如图 1-15b 所示，即孔的中心向下偏移了 6mm。按一般划线，因孔偏移量较大，轴承座底面已没有加工余量，所以需进行借料。

借料时可将 φ40mm 孔的中心线向上移动 4mm，如图 1-15b 所示，这样，孔的最小加工余量为 (60 - 40)/2 - 4 = 6mm，底面的加工余量为 4mm，加工余量合理且余量充足，从而使该铸件得到补救。

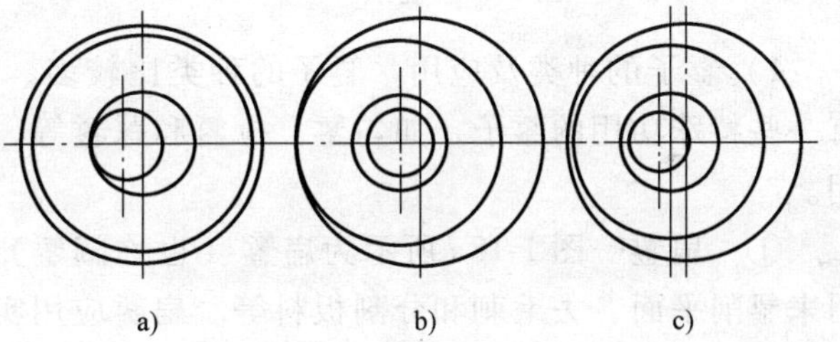

图 1-14 圆环划线的借料
a) 内孔加工余量不够 b) 外圆加工余量不够 c) 合格的划线

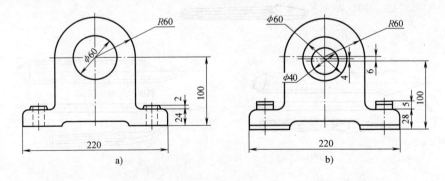

图 1-15 轴承座划线

显然，划线时的找正和借料这两项工作是密切结合进行的，必须相互兼顾，使各方都能满足要求，这样才能做好划线工作。

五、錾削加工

用锤子打击錾子对工件进行切削加工的方法叫錾削，如图1-16所示。錾削是一种粗加工，一般按所划线进行加工，平面度可控制在0.5mm之内。目前錾削加工主要用于不便于机械加工的场合，如去除毛坯上的多余金属、分割材料，錾削平面及沟槽等。

1. 錾削工具

錾削工具主要是錾子和锤子。

（1）錾子 錾子一般由头部、切削部分及錾身3部分组成，如图1-17所示。头部有一定的锥度，顶端略带球形，以便锤击时作用力容易通过錾子中心线，使錾子容易保持平稳。錾身多数呈八棱形，以防止錾削时錾子转动。

图1-16 錾削

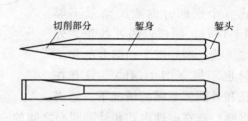

图1-17 錾子结构

1) 錾子的种类及应用 錾子的种类比较多，常用的有扁錾、尖錾和油槽錾。此外，还有一些特殊功用的錾子，如勾錾、抢錾和踩錾等，可在工具、模具表面上进行雕刻装饰加工用。

① 扁錾 图1-18a所示为扁錾（也称阔錾），其切削部分扁平，刃口略带弧形。主要用来錾削平面，去毛刺和分割板料等。扁錾应用实例如图1-19所示。

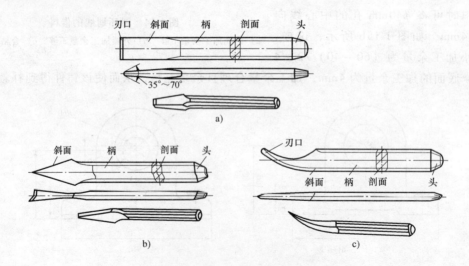

图1-18 錾子的种类
a) 扁錾 b) 尖錾 c) 油槽錾

② 尖錾 图1-18b所示为尖錾（又称狭錾）。切削刃比较短，切削部分的两侧面，从

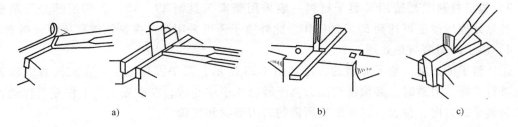

图 1-19 扁錾的应用

a) 錾切板料、棒料 b) 錾断条料 c) 錾削平面

切削刃到錾身是逐渐变小,以防錾槽时两侧卡住。尖錾主要用来錾削沟槽及分割曲线形板料,如图 1-20 所示。

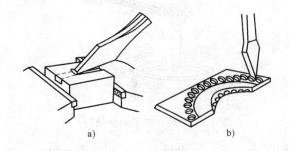

图 1-20 尖錾的应用

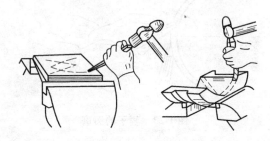

图 1-21 油槽錾的应用

③ 油槽錾 图 1-18c 所示为油槽錾。切削刃很短,并呈圆弧形,为了能在对开式的内曲面上錾削油槽,其切削部分做成弯曲形状。油槽錾常用来錾切平面或曲面上的油槽,如图 1-21 所示。

2) 錾子的切削角度 錾子的切削部分包括前、后两个刀面和一条切削刃,其切削角度分别为前角 γ_0、楔角 β_0、后角 α_0,如图 1-22 所示。这些角度的定义、作用及大小选择可见表 1-2。

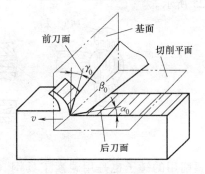

图 1-22 錾削角度

表 1-2 錾削角度的定义、作用及其选择

錾削角度	作用	定义	选择
前角 γ_0	减少切削变形,使切削轻快。前角越大,切削越省力	錾子的前刀面与基面之间的夹角	$\gamma_0 = 90° - (\beta_0 + \alpha_0)$
后角 α_0	减少錾子后刀面与切削表面摩擦,使錾子容易切入材料。后角大小取决于錾子被掌握的位置,太大会使錾削变得困难;太小会使錾子滑出	錾子后刀面与切削平面之间的夹角	一般取 5°~8°
楔角 β_0	楔角小,錾削省力,但刃口薄弱,容易崩刃;楔角大,錾切费力,錾切表面不易平整。通常根据工件材料软硬选取楔角适当的錾子	錾子前刀面与后刀面之间的夹角	工具钢、铸铁等硬材料取 60°~70°;结构钢等中等硬度材料取 50°~60°;铜、铝、锡等软材料取 30°~50°

3) 錾子材料及其选用　錾子材料一般采用碳素工具钢 T7、T8，其切削部分刃磨成楔形，经热处理后硬度可达到 52~56HRC。此外錾子还可采用合金弹簧钢或高速钢来制造。

4) 錾子的刃磨与热处理

① 錾子的刃磨　錾子刃磨的方法如图 1-23 所示，双手握住錾子，在旋转着的砂轮轮缘上进行刃磨。刃磨时，必须使切削刃高于砂轮水平中心线，在砂轮全宽上作左右移动，并要控制錾子的方向、位置，以便磨出所需的刀刃形状和楔角。

② 錾子的热处理　图 1-24 所示为錾子热处理示意图。錾子通过淬火和余热回火处理，可以提高其使用性能。

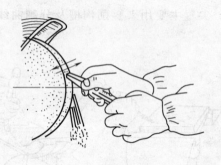
图 1-23　錾子的刃磨

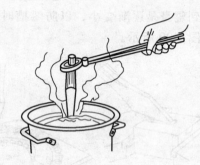
图 1-24　錾子的热处理

(2) 锤子　锤子也称榔头，是钳工常用的敲击工具，它由锤头、木柄和楔子组成，如图 1-25 所示。

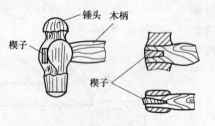

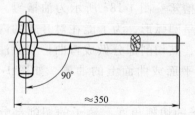

图 1-25　锤子

錾削用的锤子也是用碳素工具钢（T7、T8）制成，并经淬硬处理。锤子的规格用其质量大小表示，如 0.25kg、0.5kg、1kg 等；英制有 1/2 磅、1 磅、1.5 磅等几种。锤子的木柄用硬而不脆的木材制成，如檀木、胡桃木等，其长度应根据不同规格的锤头选用，如 0.5kg 的锤子柄长一般为 350mm。手握处的断面应为椭圆形，以便锤头定向，准确敲击。木柄安装在锤头中，必须稳固可靠，装木柄的孔做成椭圆形，且两端大，中间小。木柄敲紧在孔中后，端部再打入带倒刺的铁楔子，使之不易松动，以防止锤头脱落而造成事故。

2. 錾削工艺

(1) 錾子的握法　錾子的握法有正握法和反握法两种。

1) 正握法　手心向下，腕部伸直，用左手的中指、无名指握住錾子，小指自然合拢，食指和大拇指自然接触，錾子头部伸出约 20mm，如图 1-26a 所示。

2) 反握法　手心向上，手指自然捏住錾子，手掌悬空，如图 1-26b 所示。

(2) 锤子的握法　锤子握法有紧握法和松握法两种。

1) 紧握法　用右手五指紧握锤柄，大拇指合在食指上，虎口对准锤头方向，木柄尾端

项目一 手锤制作

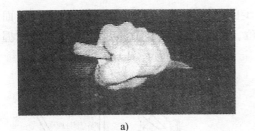

图 1-26 錾子握法
a) 正握法 b) 反握法

露出约 15～30mm。在挥锤和锤击过程中，五指始终紧握，如图 1-27a 所示。

2) 松握法 只用大拇指和食指始终握紧锤柄。在挥锤时，小指、无名指、中指则依次放松。在锤击时，又以相反的次序收拢握紧，如图 1-27b 所示。

3) 錾削姿势 操作时的站立位置如图 1-28 所示。身体与台虎钳中心线大致成 45°，且略向前倾，左脚跨前半步，膝盖处稍有弯曲，右脚要站稳伸直，不要过于用力。两腿保持自然站立，人体重心稍微偏向后方，视线要落在工件的切削部分。

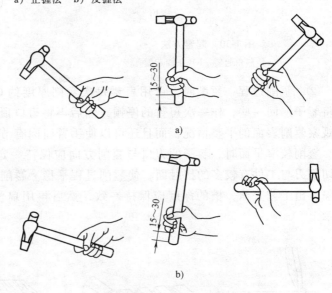

图 1-27 锤子的握法
a) 紧握法 b) 松握法

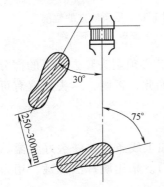

图 1-28 錾削时的站立位置

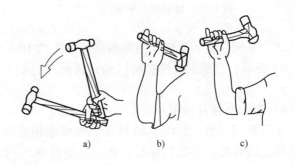

图 1-29 挥锤的方法

4) 挥锤方法 挥锤有腕挥，肘挥和臂挥三种方法，如图 1-29 所示。

5) 錾削平面及狭平面

① 起錾方法 錾削时的起錾方法有斜角起錾和正面起錾两种，如图 1-30 所示。在錾削平面时，应采用斜角起錾，即先在工件的边缘尖角处，将錾子放成一 θ 角，如图 1-30a 所

示；錾出一个斜面，然后按正常的錾削角度逐步向中间錾削；在錾削槽时，应采用正面起錾如图 1-30b 所示。起錾时切削刃应抵紧起錾部位，并注意避免錾子的弹跳和打滑，把握好錾削量。

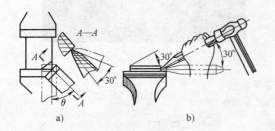

图 1-30 起錾方法
a）斜角起錾 b）正面起錾

图 1-31 錾削较窄的平面

② 錾削过程 錾削时，可用扁錾每次錾削厚度约 0.5~2mm，并且每錾削两三次后，可将錾子退回一些，作一次短暂的停顿，然后再将刃口顶住錾削处继续錾削。这不仅可以随时观察錾削表面的平整情况，而且还可以使手臂肌肉有节奏地得到放松。

錾削较窄平面时，錾子的刃口与錾削方向应保持一定的角度，如图 1-31 所示，这样可使切削刃与工件有较多的接触面，使錾削过程平稳。錾削较大平面时，可先用尖錾以适当的间隔开出工艺直槽，槽的深度应保持一致，然后再用扁錾将槽间凸起部分錾平。如图 1-32 所示。

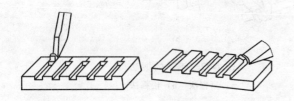

图 1-32 錾削较大平面

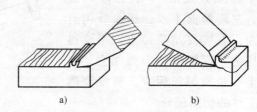

图 1-33 尽头地方的錾削
a）正确 b）不正确

③ 平面尽头的錾法 当錾削接近尽头约 10~15mm 时，必须调头錾去余下的部分，如图 1-33 所示。当錾削脆性材料（如：铸铁和青铜）时更应如此，否则，尽头处就有可能崩裂。

6）錾削直槽及油槽

① 錾削直槽 如图 1-20 所示，先根据图样要求划出加工线条，并修磨好尖錾。錾削时采用正面起錾，并控制好錾削量（一般在 0.5~1mm 之间）。采用腕挥法挥锤，用力大小要适当，防止錾子刃端崩裂。

② 錾油槽 如图 1-21 所示，先根据图样上油槽的断面形状和尺寸刃磨好油槽錾的切削部分，同时在工件需錾削油槽部位划线。

在平面上錾油槽，起錾时錾子要慢慢地加深到尺寸要求，錾到尽头时刃口必须慢慢翘起，以保证槽底圆滑过渡。

在曲面上錾油槽时，錾子的倾斜情况应随着曲面而变动，使錾削时的后角保持不变。油槽錾好后,再修去槽边毛刺。

錾油槽一般要求一次成形,必要时可进行一定的修整。

7) 錾削钢件及切板料

① 錾削钢件 錾削时,錾子可蘸油,以利于錾削。钢件在粗錾时是卷屑,在精錾时錾屑呈针状,因此要注意安全,以防刺伤手。

② 錾切板料 可在台虎钳上錾切板料,具体錾切时,可用扁錾沿着钳口并斜对着板料(约成45°)自右向左錾切如图1-34所示。不可将錾子刃口正对着板料錾切,否则由于板料的弹动和变形,易造成切断处产生不平整或出现裂缝,如图1-35所示。

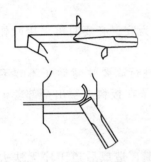 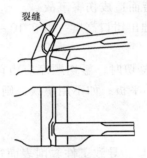 

图1-34 在台虎钳上錾削板料　　图1-35 错误的錾切板料方法　　图1-36 在铁砧上錾切板料

对于比较大的板料,不能在台虎钳上錾切,可放在铁砧上(或平板上)錾切,如图1-36所示。此时錾子的切削刃应磨成适当的弧形,以便使前后錾痕连接齐整,如图1-37a所示。具体錾切时,錾子的刃口必须对齐錾切线,并成一定斜度錾切,然后再依次逐步垂直錾切,如图1-37c、d所示。当錾切直线段时,錾子切削刃的宽度可宽些(用扁錾);錾切曲线时,刃宽应根据其曲率半径大小而定,以便使錾痕能与曲线基本一致。

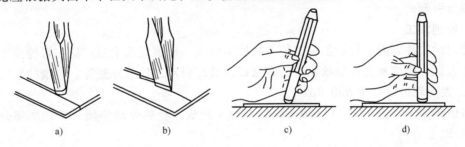

图1-37 錾切板料的方法

a) 用圆弧刃錾切易齐整　b) 用平刃錾切易错位　c) 先倾斜　d) 后垂直錾切

錾切形状比较复杂或较厚(厚度在2~4mm)的板料时,可先按轮廓线钻出密集的排孔,然后再在铁砧上錾切。錾切直线时用扁錾;錾切曲线时用尖錾,如图1-20b所示。

3. 錾削操作注意事项

1) 工位前方应装有防护网,以防止发生伤人事故。

2) 錾削起錾时,角度及力度应控制适当,避免打滑而伤手。

3) 錾屑要用刷子刷掉,不得用手擦或用嘴吹。

4) 錾削时要防止錾子在錾削部位滑出,为此,錾子用钝后,应及时刃磨锋利,并保持正确的楔角。

5）錾子刃口要修磨锋利，后角大小应适当（后角太大，容易造成切入工件较深；后角太小，则錾削时錾子容易打滑）。

6）錾子、锤子头部出现毛刺时，应及时磨去。

7）錾子、锤子不得与量具放置一处，以免损坏量具；放置时不得露出钳台，以免掉下伤脚。

8）工作前必须检查锤子的手柄是否松动，如有松动应及时修复，使之牢固。

9）尽量保持锤子柄部的清洁，沾上油污等污物时应及时擦拭，以免使用时滑出伤人。

10）操作者錾削疲劳时，应及时休息或与其他操作工序交替轮做，让手指、手臂肌肉得到放松和调节，以免因过分疲劳而造成伤害事故。

11）工件应夹紧牢靠。工件伸出钳口高度一般在 10~15mm 为宜，必要时可采用软钳口保护，并在下面加上木衬垫。

12）在铁砧上（或平板上）錾切时，錾切顺序应由前向后进行。要注意錾子不要錾到铁砧上，最好是垫上一块铁片或旧平板，如不用垫铁，则应使錾子在板料上錾出全部錾痕后再敲断或折断。

4. 錾削时常见缺陷的分析

1）錾子刃口不够锋利或有缺口，导致工件錾削表面过分粗糙，造成后道工序无法去除其錾削痕迹。

2）起錾时由于选择落点不当而造成工件棱角的崩裂或缺损。

3）錾削时用力不当，造成工件不平整，甚至会錾坏整个工件。

4）起錾和錾削超过尺寸界线，造成尺寸过小而无法继续加工。

5）工件夹持不当，以致受錾削力作用后使夹持表面损坏。

以上几种錾削缺陷主要是由于操作时不认真，操作技能不熟练或未充分掌握錾削工作的各项要领所引起的。

六、锉削加工

用锉刀对工件表面进行切削加工的方法称为锉削。锉削应用十分广泛，可锉削平面、曲面、内外表面、沟槽和各种形状复杂的表面以及装配时对工件的修整等。锉削的精度可达到 0.01mm，表面粗糙度可达 $Ra0.8\mu m$。

锉刀由碳素工具钢 T12、T13 或 T12A、T13A 制成，经热处理淬硬，其切削部分的硬度达 62HRC 以上。

1. 锉刀的组成

锉刀由锉身和锉柄两部分组成。锉刀各部分的名称如图 1-38 所示。锉刀面是锉削的主要工作面，锉刀舌则用来装锉刀柄。

2. 锉齿和锉纹

锉刀有无数个锉齿，锉削时每个锉齿都相当于一把錾子在对材料进行切削。锉纹是锉齿有规则排列的图案。锉刀的齿纹有单齿纹和双齿纹两种，如图 1-39 所示。单齿纹指锉刀上只有一个方向上的齿纹，锉削时全齿宽同时参加切削，切削力大，因此常用来锉削软材料。双齿纹指锉刀上有两个方向排列的齿纹，齿纹浅的叫底齿纹，齿纹深的叫面齿纹。底齿纹和面齿纹的方向角度不一样，锉削时能使每一个齿的锉痕交错而不重叠，使锉削表面粗糙度小。采用双齿纹锉刀锉削时，锉屑是碎断的，切削力小，再加上锉齿强度高，所以适合于硬材料的锉削。

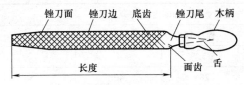

图 1-38 锉刀各部分名称

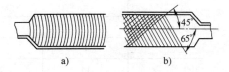

图 1-39 锉刀的齿纹
a) 单齿纹 b) 双齿纹

3. 锉刀的种类

锉刀按其用途不同可分为钳工锉、异形锉和整形锉 3 种。

钳工锉按其断面形状又可分为扁锉（板锉）、方锉、三角锉、半圆锉和圆锉等 5 种，如图 1-40 所示。

异形锉有刀口锉、菱形锉、扁三角锉、椭圆锉、圆肚锉等，如图 1-41 所示。异形锉主要用于锉削工件上特殊的表面。

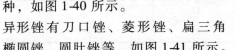

图 1-40 钳工锉断面形状

整形锉又称什锦锉，主要用于修整工件细小部分的表面，如图 1-42 所示。

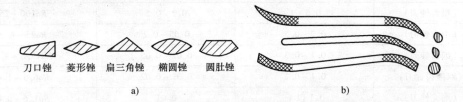

图 1-41 异形锉
a) 断面不同的各种直的异形锉 b) 弯的异形锉

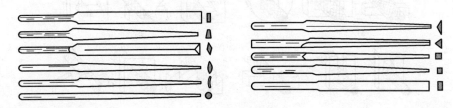

图 1-42 整形锉

4. 锉刀的规格及选用

锉刀的规格分尺寸规格和齿纹粗细规格两种。方锉刀的尺寸规格以方形尺寸表示；圆锉刀的尺寸规格用直径表示；其他锉刀则以锉身长度表示。钳工常用的锉刀，锉身长度有 100mm、125mm、150mm、200mm、250mm、300mm、350mm、400mm 等多种。

齿纹粗细规格，以锉刀每 10mm 轴向长度内主锉纹的条数表示，见表 1-3。主锉纹指锉刀上起主要切削作用的齿纹，而另一个方向上起分屑作用的齿纹，称为辅助齿纹。

锉刀齿纹规格选用，见表 1-4。

每种锉刀都有其主要的用途，应根据工件表面形状和尺寸大小来选用，其具体选择如图 1-43 所示。

表 1-3 锉刀的粗细规格

长度规格/mm	主锉纹条数（10mm 内）				
	锉纹号				
	1	2	3	4	5
100	14	20	28	40	56
125	12	18	25	36	50
150	11	16	22	32	45
200	10	14	20	28	40
250	9	12	18	25	36
300	8	11	16	22	32
350	7	10	14	20	—
400	6	9	12	—	—
450	5.5	8	11	—	—

表 1-4 锉刀齿纹粗细规格的选用

锉刀粗细	适用场合		
	锉削余量/mm	尺寸精度/mm	表面粗糙度/μm
1号（粗齿锉刀）	0.5~1	0.2~0.5	$Ra100~25$
2号（中齿锉刀）	0.2~0.5	0.05~0.2	$Ra25~6.3$
3号（细齿锉刀）	0.1~0.3	0.02~0.05	$Ra12.5~3.2$
4号（双细齿锉刀）	0.1~0.2	0.01~0.02	$Ra6.3~1.6$
5号（油光锉刀）	0.1 以下	0.01	$Ra1.6~0.8$

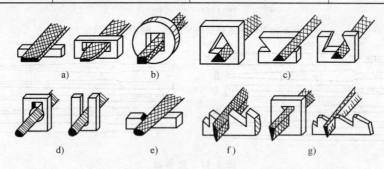

图 1-43 锉刀的选用

a）板锉　b）方锉　c）三角锉　d）圆锉　e）半圆锉　f）菱形锉　g）刀口锉

5. 锉削的操作方法

在进行锉削加工前，要掌握平面锉削时操作者的站立姿势和动作；掌握锉削时两手用力的方法以及正确的锉削速度；懂得平面度的测量方法及用 90°角尺检查工件垂直度的方法；了解锉刀的保养和锉削时的安全知识；掌握曲面锉削和精度检验的方法；能根据工件的不同几何形状和要求，正确选用锉刀。

（1）锉刀柄的装拆　锉刀柄的装拆方法如图 1-44 所示。

（2）锉刀的握法　250mm 以上的大扁锉，用右手握紧手柄，柄部顶住掌心，大拇指放在柄的上部，其余四指满握手柄。左手用中指、无名指捏住锉刀的前端，大拇指根部压在锉刀头上，食指、小拇指自然合拢，如图1-45所示。小扁锉的握法如图1-46所示。

（3）锉削姿势。锉削时操作者的站立位置与锯削相似，如图1-60所示。锉削时身体重心要落在左脚上，右膝伸直，左膝随锉削的往复运动而屈伸。在锉刀向前锉削的动作过程中，身体和手臂的运动情况如图1-47所示。开始，身体向前倾斜10°左右，右肘尽量向后收缩；最初1/3行程时，身体向前倾斜15°左右，左膝稍有弯曲；锉至2/3时，右肘向前推进锉刀，身体逐渐倾斜到18°左右；锉最后1/3行程时，右肘继续推进锉刀，身体则随锉削时的反作用力自然地退回到15°左右；锉削行程结束后，手和身体都恢复到原来姿势，同时将锉刀略提起退回。

（4）锉削时操作者两手的用力和锉削速度 锉削时右手的压力要随锉刀推动而逐渐增加，左手的压力要随锉刀推动而逐渐减小，如图1-48所示。回程时不加压力，以减少锉齿的磨损。锉削速度一般在40次/min左右，推出时稍慢，回程时稍快，动作要自然

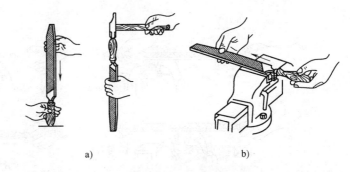

图1-44 锉刀柄的装拆
a）装锉刀柄的方法 b）拆锉刀柄的方法

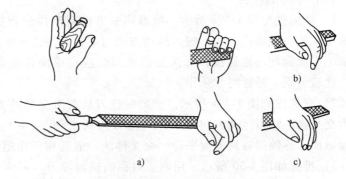

图1-45 大扁锉的握法
a）锉刀的一般握法 b）、c）左手的另外两种握法

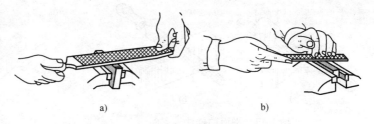

图1-46 小扁锉的握法
a）小扁锉握法1 b）小扁锉握法2

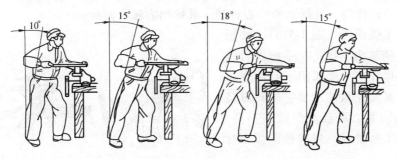

图1-47 锉销姿势

协调。

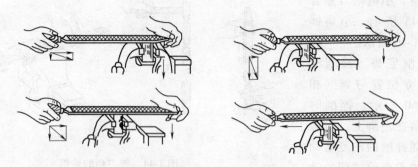

图 1-48 锉平面时的两手用力

（5）平面的锉法

1）顺向锉如图 1-49a 所示。顺着同一方向对工件进行锉削的方法称为顺向锉，顺向锉是最基本的一种锉削方法。锉刀运动方向与工件夹持方向始终一致，在锉宽平面时，为使整个加工平面能均匀地锉削，每次退回锉刀时应在横向作适当的移动。顺向锉的锉纹整齐一致，比较美观，精锉时常采用。

2）交叉锉如图 1-49b 所示。锉削时锉刀从两个交叉的方向对工件表面进行锉削的方法称为交叉锉，锉刀运动方向与工件夹持方向约成 30°～40°，且锉纹交叉。由于锉刀与工件的接触面大，锉刀容易掌握平稳。交叉锉法一般适用于作粗锉。

3）推锉如图 1-50 所示。用两手对称的横握锉刀，用两大拇指推动锉刀顺着工件长度方向进行锉削的一种方法称为推锉法，推锉一般用来锉削狭长平面，使用顺向锉法锉刀受阻时才采用。因推锉时的切削量很小，效率低，所以只适用于加工余量较小和修整尺寸的场合。

图 1-49 平面的锉法
a）顺锉法 b）交叉锉法

图 1-50 推锉法
a）推锉狭平面 b）推锉圆弧面

（6）曲面的锉法

1）外圆弧面的锉削方法　锉削外圆弧面时，锉刀要同时完成 2 个运动，即锉刀在作前进运动的同时，还应绕工件圆弧的中心转动。其锉削方法有两种：

① 顺着圆弧面锉（图 1-51a）。锉削时右手把锉刀柄部向下压，左手把锉刀前端向上抬，这样锉出的圆弧面不会出现棱边现象，使圆弧面光洁圆滑。它的缺点是不易发挥锉削力量，而且锉削效率不高，只适用于再加工余量较小或精锉圆弧面时采用。

② 横着圆弧面锉（图 1-51b）。锉削

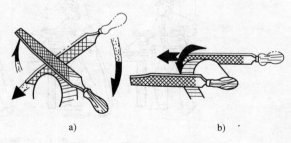

图 1-51 外圆弧面的锉削方法

时锉刀向着图示方向作直线推进，容易发挥锉削力量，能较快地把圆弧外的部分锉成接近圆弧的多棱形，然后再用顺着圆弧面锉的方法精锉成圆弧。

2）内圆弧面的锉削方法　锉削内圆弧面时，锉刀要同时完成3个运动（图1-52），即前进运动、随圆弧面向左或向右移动（约半个到一个锉刀直径）、绕锉刀中心线转动（顺时针或逆时针方向）。

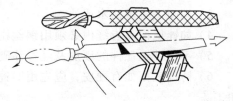

图1-52　内圆弧面的锉削方法

如果锉刀只作前进运动，即圆锉刀的工作面不作沿工件圆弧曲线的运动，而只作垂直于工件圆弧方向的运动，那么就将圆弧面锉成凹形（深坑），如图1-53a所示。

如果锉刀只有前进和向左（或向右）的移动，锉刀的工作面仍不作沿工件圆弧曲线的运动，而作沿工件圆弧的切线方向的运动，那么锉出的圆弧面将成棱形，如图1-53b所示。

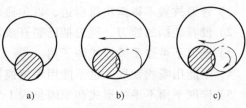

图1-53　内圆弧面的锉削时的3个运动分析

锉削时只有将3个运动同时完成，才能使锉刀工作面沿工件的圆弧面作锉削运动，加工出圆滑的内圆弧面来。

（7）检查平面度的方法　锉削工件时，其平面度通常采用刀口形直尺通过透光法来检查。检查时，刀口形直尺应垂直放在工件表面上，并在加工面的纵向、横向、对角方向多处逐一检查，以透过光线的均匀强弱来判断加工表面是否平直，如图1-54所

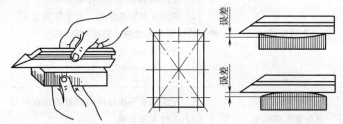

图1-54　平面度检查

示。平面度误差值的确定，可用塞尺作塞入检查。

（8）用90°角尺检查工件垂直度的方法　用90°角尺检查工件垂直度前，应先用锉刀将工件的锐边倒钝。检查时，要掌握以下两点：

1）先将90°角尺座的测量面紧贴工件基准面，然后从上逐步轻轻向下移动，使90°角尺的测量面与工件的被测量面接触，如图1-55a所示，眼光平视观察其透光情况，以此判断工件被测面与基准面是否垂直。检查时，90°角尺不可斜放，如图1-55b所示，否则检查结果不准确。

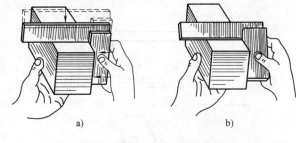

图1-55　用90°角尺检查工件垂直度
a）正确　b）不正确

2）在同一平面上改变不同的检查位置时，90°角尺不可在工件表面上拖动，以免磨损角尺本身精度。

（9）锉刀的保养

1）新锉刀要先使用一面，用钝后再使用另一面。

2) 在粗锉时,应充分使用锉刀的有效全长,既提高了锉削的效率,又可避免锉齿局部磨损。

3) 锉刀上不可沾水或油。

4) 如锉屑嵌入齿缝内必须用钢丝刷沿着锉齿的纹路进行清除。

5) 不可锉毛坯件的硬皮及经过淬硬的工件。

6) 铸件表面如有硬皮,应先用旧锉刀或锉刀的有齿侧边锉去,然后再进行正常的锉削加工。

(10) 锉削时的文明生产和安全生产知识

1) 锉刀放置不得露出钳台边,以免碰落地上砸伤脚或损坏锉刀。

2) 没有装柄的锉刀、锉刀柄已裂开或没有锉刀柄箍的锉刀不可使用。

3) 锉刀不可作手撬棒或锤子用。

4) 不能用嘴吹铁屑,也不能用手擦摸锉削表面。

5) 锉削平面不平的形式和原因见表 1-5。

表 1-5 锉削平面不平的形式和原因

形式	产生的原因
平面中凸	(1) 锉削时双手的用力不能使锉刀保持平衡 (2) 锉刀在开始推出时,右手压力太大,锉刀被压下,锉刀推到前面,左手压力太大,锉刀被压下,形成前、后面多样 (3) 锉削姿势不正确 (4) 锉刀本身中凹
对角扭曲或塌角	(1) 左手或右手施加压力时重心偏在锉刀一侧 (2) 工件未夹正确 (3) 锉刀本身扭曲
平面横向中凹或中凸	锉刀在锉削时左右移动不均匀

七、锯削加工

1. 手锯的结构

手锯由锯弓和锯条组成,如图 1-56 所示。

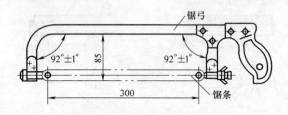 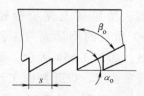

图 1-56 手锯　　　　　　　图 1-57 锯齿的切削角度

(1) 锯弓　锯弓的作用是用来安装并张紧锯条,有固定式和可调式两种,其中固定式锯弓只能安装一种长度的锯条,而可调式锯弓由于安装距离可以调节,所以能安装几种长度的锯条。

(2) 锯条　锯条是用来直接锯削材料或工件的工具。锯条一般由渗碳软钢冷轧制成,经热处理淬硬才能使用,也有用碳素工具钢或合金钢制成,同样需热处理淬硬。锯条的长度以两端装夹孔的中心距来表示,手锯常用的锯条长度为300mm。

(3) 锯齿的切削角度 锯条的切削部分由许多均匀分布的锯齿组成。锯齿的切削角度如图1-57所示。其中前角 $\gamma_0 = 0°$,后角 $\alpha_0 = 40°$,楔角 $\beta_0 = 50°$。

(4) 锯齿的粗细 锯齿的粗细以锯条每25mm长度内的锯齿数来表示。锯齿粗细的规格及应用见表1-6。

表1-6 锯齿粗细规格及应用

	每25mm长度内的锯齿数	应用
粗	14~18	锯割软钢、黄铜、铝、铸铁、纯铜、人造胶质材料
中	22~24	锯割中等硬度钢、厚壁的钢管、铜管
细	32	薄片金属、薄壁管子
细变中	32~20	一般工厂中用,易于起锯

(5) 锯路 锯条制造时,将全部锯齿按一定规律左右错开,并排成一定的形状,称为锯路,如图1-58所示,锯路有交叉形和波浪形两种。锯路的作用是减小锯缝对锯条的摩擦,使锯条在锯削时不被锯缝夹住或折断。

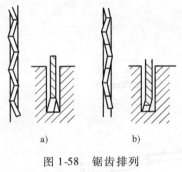

图1-58 锯齿排列
a) 交叉排列 b) 波浪排列

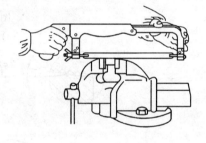

图1-59 手锯的握法

2. 手锯握法和锯削姿势、压力及速度控制

(1) 手锯的握法 右手满握锯柄,左手轻扶在锯弓前端,如图1-59所示。

(2) 姿势 锯削时操作者的站立位置,如图1-60所示。身体略向下倾斜,以便于向前推压用力。

(3) 压力 在锯削运动时,推力和压力由右手控制,左手主要配合右手扶正锯弓,压力不要过大。手锯推出时为切削行程,应施加压力,返回行程不切削,不加压力作自然拉回。工件将断时压力要小。

(4) 运动和速度 锯削时锯弓的运动方式有两种:一种是直线运动,这种方式适合初学者;另一种是小幅度的上下摆动式运动,即推进时左手上翘,右手下压,回程时右手上抬,左手自然跟回。

3. 锯削的操作方法

(1) 锯条的安装 锯条安装应使齿尖的方向朝前,如图1-61a所示,其松紧程度以用手扳动锯条,感觉硬实以及有一点弹性即可。

(2) 起锯方法 起锯是锯削的开头,直接影响锯削质量。起锯分远起锯和近起锯,如

图 1-62 所示。通常情况下采用远起锯，如图 1-62a 所示。因为这种方法锯齿不易被卡住，起锯时左手拇指靠住锯条，使锯条能正确地锯在所需要的位置上，行程要短，压力要小，速度要慢。无论用远起锯还是近起锯，起锯的角度 θ 应在 15°左右。如果起锯角太大，切削阻力大，尤其是近起锯时锯齿会被工件棱边卡住引起崩裂，如图 1-62b 所示。起锯角太小，也不易切入材料，容易跑锯而划伤工件。

（3）各种材料的锯削方法

1）对于薄壁管子和精加工过的管子，应夹在有 V 形槽的两个木衬垫之间，如图 1-63a 所示，以防将管子夹扁和夹坏表面。管子锯削时要在锯透管壁时向前转一个角度再锯，否则锯齿会很快损坏，如图 1-63b 所示。

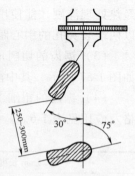

图 1-60　锯削时操作者站立位置

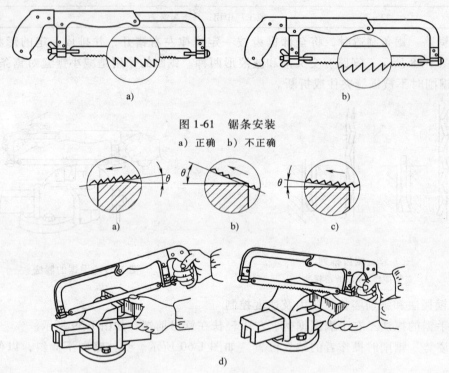

图 1-61　锯条安装

a）正确　b）不正确

图 1-62　起锯方法

a）远起锯　b）起锯角太大　c）近起锯　d）用拇指靠导起锯

2）板料的锯缝一般较长，工件的装夹要有利于锯削操作，如图 1-64 所示。

4. 锯削操作要点、锯削中出现的问题分析及纠正措施

（1）锯削操作的要点

1）在具体锯削工件时，工件应夹牢，不可有松动。工件露出钳口高度要适中，锯缝较长时，应在工件上划好线。

2）应尽量避免在旧锯缝中换新锯条，若新锯条无法锯入旧锯缝，则应换方向另起锯口。

3）锯削时，应使锯条全部长度都参加锯削，这样可使锯齿磨损均匀，从而延长锯条的使用寿命。一般要求往复长度不小于锯条长度的 2/3。

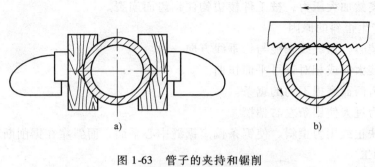

图 1-63 管子的夹持和锯削
a) 管子的夹持 b) 转位锯削

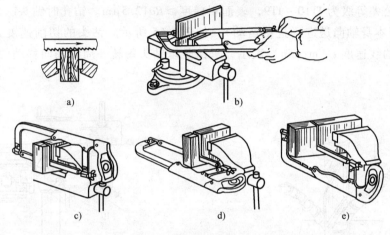

图 1-64 板料的锯削
a)、b) 薄板料锯削 c)、d)、e) 深缝锯削

4）锯缝歪斜时，应逐步矫正，不能强行纠正。

5）锯削的速度不能太快，最快也不能超过每秒一次，一般以每分钟 30～40 次为宜。锯削硬材料时，锯削速度可慢一些，并适当地加切削液。

6）工件快要锯断时，应及时用手扶持被锯下的部分，以防落下砸脚或损坏工件。当工件过大时，可采用辅助支承。

7）若遇到锯条崩齿时，应立即把崩齿的部位用砂轮磨出一个过渡圆弧，否则后面的齿会连续崩裂，直至无法使用。

（2）锯条折断的原因

1）锯条装得过松或过紧。

2）工件未夹紧，锯削时工件有松动。

3）强行纠正歪斜的锯缝，或调换新锯条后仍在原锯缝过猛的锯下。

4）锯削压力过大或锯削方向突然偏离锯缝方向。

5）锯削时锯条中间局部磨损，当拉长锯削时而被卡住引起折断。

6）工件被锯断时没有减慢锯削速度和减小锯削用力，使手突然失去平衡而折断锯条。

（3）锯齿崩裂的原因

1）锯条选择不当，如锯薄板料、管子时用粗齿锯条。

2）起锯角太大或近起锯时用力过大。

3) 锯削时突然加大压力，被工件棱边钩住锯齿而崩裂。

(4) 锯缝产生歪斜的原因

1) 工件安装时，锯缝线未能与铅垂线方向一致。
2) 锯条安装太松或相对锯弓平面扭曲。
3) 使用锯齿两面磨损不均的锯条。
4) 锯削压力过大使锯条左右偏摆。
5) 锯弓未扶正或用力歪斜，使锯条偏离锯缝中心平面，而斜靠在锯削断面的一侧。

八、钻削加工

用钻头在实体材料上加工孔的操作叫钻孔。钻孔时，由于钻头的刚度和精度差，加工精度不高，一般公差等级为 IT10~IT9，表面粗糙度 $\geqslant Ra12.5\mu m$。钻孔时钻头除旋转外（切削运动），还沿着本身轴向送进（进给运动），如图 1-65 所示。钻头的切削速度是以钻孔时钻头直径上一点的线速度 v（m/min）表示，进给是以钻头每转一周沿轴向移动的距离 f（mm/r）表示。

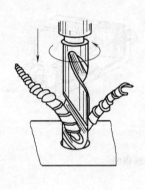

图 1-65 钻孔

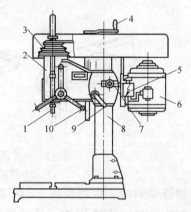

图 1-66 台钻外形
1—主轴 2—头架 3—塔式带轮 4—旋转摇把 5—转换开关 6—电动机 7—螺钉 8—立柱 9—手柄 10—进给手柄

1. 常用钻床

钻孔是钳工重要的操作之一，通过钻孔练习要达到以下要求：熟悉钻床的性能、使用方法及钻孔时工件的装夹方法；掌握标准麻花钻的刃磨方法；掌握划线钻孔方法，并能达到一定的精度；能正确分析钻孔时出现的问题，做到安全文明操作。

常用钻床有台式钻床、立式钻床和摇臂钻床。

(1) 台式钻床　台式钻床简称台钻，是一种安放在作业台上、主轴垂直布置的小型钻床，最大钻孔直径为 13mm，其结构如图 1-66 所示。

台钻由头架、电动机、塔式带轮、立柱、回转工作台和底座等组成。电动机和头架上分别装有 5 级塔式带轮，通过改变 V 带在两个塔式带轮中的位置，可使主轴获得 5 种转速。头架与电动机连为一体，可沿立柱上下移动。根据钻孔工件的高度，将头架调整到适当位置后，通过锁紧手柄使机头固定方能钻孔。回转工作台可沿立柱上下移动，或绕立柱轴线做水平转动，也可在水平面内做一定角度的转动，以便钻斜孔时使用。较大或较重的工件钻孔时，可将回转工作台转到一侧，直接将工件放在底座上。底座上有两条T形槽，用来装夹工件或固定夹具。在底座的四个角上有安装孔，用螺栓将其固定。

（2）立式钻床　立式钻床简称立钻，如图1-67所示。主轴箱和工作台安置在立柱上，主轴垂直布置。立钻的刚度好、强度高、功率较大，最大钻孔直径有25mm、35mm、40mm和50mm等几种。立钻可用来进行钻孔、扩孔、镗孔、铰孔、攻螺纹和锪端面等。

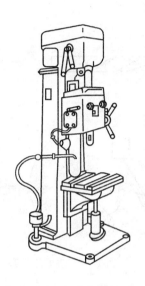

图1-67　立式钻床

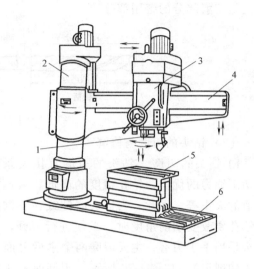

图1-68　摇臂钻床
1—钻头夹　2—立柱　3—主轴箱；
4—摇臂　5—工作台　6—底座

立钻由主轴变速箱、电动机、进给箱、立柱、工作台、底座和冷却系统等主要部分组成。电动机通过主轴变速箱驱动主轴旋转，改变变速手柄位置，可使主轴得到多种转速。通过进给变速箱，可使主轴得到多种机动进给速度。转动手柄可以实现手动进给。工作台上有T形槽，用来装夹工件或夹具。工作台能沿立柱导轨上下移动，根据钻孔工件的高度，适当调整工作台位置，然后通过压板、螺栓将其固定在立柱导轨上。底座用来安装和固定立钻，并设有油箱，为孔加工提供切削液，以保证较高的生产效率和孔的加工质量。

（3）摇臂钻床　摇臂钻床用来对大、中型工件在同一平面内、不同位置的多孔系进行钻孔、扩孔、锪孔、镗孔、铰孔、攻螺纹和锪端面等。

如图1-68所示，摇臂钻床主要由摇臂、立柱、主轴箱、工作台、底座等部分组成。主电动机直接带动主轴箱中的齿轮系，使主轴得到十几种转速和进给速度，可实现机动进给、微量进给、定程切削和手动进给。主轴箱能在摇臂上左右移动，以加工同一平面上、相互平行的孔系。摇臂在升降电动机驱动下能沿立柱轴线任意升降，操作者可手拉摇臂绕立柱做360°任意旋转，根据工作台的位置，将其固定在适当角度。工作台面上有多条T形槽，用来安装中、小型工件或钻床夹具。大型工件加工时，可将工作台移开，工件直接安放在底座上加工，必要时可通过底座上的T形槽螺栓将工件固定，然后进行加工。

2. 标准麻花钻

标准麻花钻是钻孔常用的工具，简称麻花钻或钻头，一般用高速钢（W18Cr4V或W9Cr4V2）制成。

(1) 钻头的结构　钻头由柄部、颈部和工作部分组成,如图 1-69 所示。柄部是钻头的夹持部分,用来传递钻孔时所需的转矩和轴向力。它有直柄和锥柄两种。一般直径小于 13mm 的钻头做成直柄,直径大于 13mm 的钻头做成莫氏锥柄。颈部位于柄部和工作部分之间,用于磨制钻头外圆时供砂轮退刀用,也是钻头规格、商标、材料的打印处。工作部分由切削部分和导向部分组成,是钻头的主要部分。导向部分起引导钻削方向和修光孔壁的作用,是切削部分的备用部分。

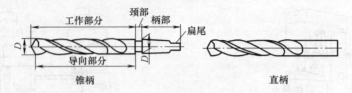

图 1-69　钻头结构

(2) 钻头的刃磨与修磨

1) 钻头的刃磨　钻头的刃磨直接关系到钻头切削能力的优劣、钻孔精度的高低、表面粗糙度值的大小等。因此,当钻头磨钝或在不同材料上钻孔要改变切削角度时,必须进行刃磨。一般钻头采用手工刃磨,主要刃磨两个主后刀面(两条主切削刃)。如图 1-70 所示,刃磨时右手握住

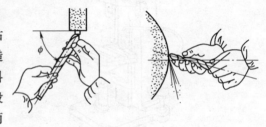

图 1-70　钻头的刃磨

钻头的头部作为定位支点,使其绕轴线转动,使钻头整个后刀面都能磨到,并对砂轮施加压力;左手握住柄部作上下弧形摆动,使钻头磨出正确的后角。刃磨时钻头轴心线与砂轮圆柱母线在水平面内的夹角约等于钻头顶角 2ϕ 的 1/2。两手动作的配合要协调、自然。由于钻头的后角在不同半径处是不等的,所以摆动角度的大小也要随后角的大小而变化。为防止在刃磨时另一刀瓣的刀尖可能碰坏,一般采用前刀面向下的刃磨方法。

在刃磨过程中,要随时检查角度的正确性和对称性。刃磨刃口时磨削量要小,随时将钻头浸入水中冷却,以防切削部分过热而退火。

主切削刃刃磨后,一般采用目测的方法进行检验,主要做以下几方面的检查:

① 检查顶角 2ϕ 的大小是否正确(118°±2°),两主切削刃是否对称、长度是否一致。检查时,将钻头竖直向上,两眼平视主切削刃。为避免视差,应将钻头旋转 180°后反复观察,若结果一样,说明对称。

② 检查主切削刃外缘处的后角 α_0(8°~14°)是否达到要求的数值。

③ 检查主切削刃近钻心处的后角是否达到要求的数值。可以通过检查横刃斜角 ψ (50°~55°)是否正确来确定。

2) 钻头的修磨　针对标准麻花钻存在的一些缺点,为适应钻削不同的材料、满足不同的钻削要求,通常对钻头的切削部分进行修磨,改善切削性能。

① 修磨横刃　如图 1-71 a 所示,修磨横刃主要是把横刃磨短,增大横刃处的前角。修磨后的横刃长度为原来长度的 1/3 ~ 1/5,以减少轴向阻力和挤刮现象,提高钻头的定心作用和切削稳定性,一般 5mm 以上的钻头都要修磨横刃。钻头修磨后形成内刃,内刃斜角 r = 20°~30°,内刃处前角 γ_{0r} = 0°~ -15°。

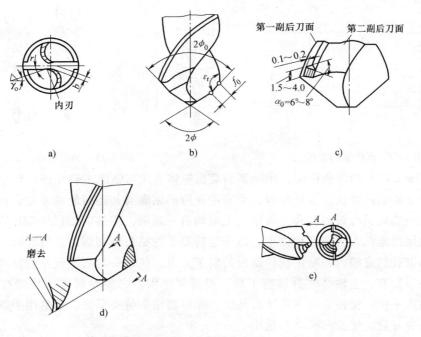

图 1-71 麻花钻的修磨

② 修磨主切削刃 如图 1-71b 所示，修磨主切削刃主要是磨出第二顶角 $2\phi_0$，即在外缘处磨出过渡刃，以增加主削刃的总长度，增大刀尖角 E_r，从而增加刀齿强度，改善散热条件，提高切削刃与棱边交角处的抗磨性，延长钻头使用寿命，减少孔壁表面粗糙度。一般 $2\phi_0 = 70° \sim 75°$，$f_0 = 0.2D$，D 为钻头直径。

③ 修磨棱边 如图 1-71c 所示，在靠近主切削刃的一段棱边上，磨出副后角 $\alpha_0 = 6° \sim 8°$，棱边宽度为原来的 $1/3 \sim 1/2$，以减少棱边对孔壁的摩擦，提高钻头的使用寿命。

④ 修磨前刀面 如图 1-71d 所示，将主切削刃和副切削刃的交角处的前刀面磨去一块，以减少此处的前角。在钻削硬材料时可提高刀齿强度，钻削黄铜时还可避免切削刃过于锋利而引起扎刀现象。

⑤ 磨出分屑槽 直径大于 15mm 的钻头都可磨出分屑槽。如图 1-71e 所示，在两个后刀面上磨出几条相互错开的分屑槽，使原来的宽切屑变窄，有利于排屑，尤其适合钻削钢料。

(3) 钻孔方法

1) 钻孔工件的划线 按孔的尺寸要求，在工件上划出十字中心线，然后打上样冲眼。样冲眼的正确、垂直与否，直接关系到起钻的定心位置。如图 1-72 所示，为了便于及时检查和校正钻孔的位置，可以划出几个大小不等的检查圆。对于尺寸位置要求较高的孔，为避免样冲眼产生的偏差，可在划十字中心线时，同时划出大小不等的方框，作为钻孔时的检查线。

2) 钻头的装夹 对于直径小于 13mm 的直柄钻头，直接在钻夹头中夹持，钻头伸入钻夹头中的长度不小于 15mm，通过钻夹头上的三个小孔来转动钻钥匙，使三个卡爪伸出或缩进，将钻头夹紧或松开，如图 1-73a 所示。

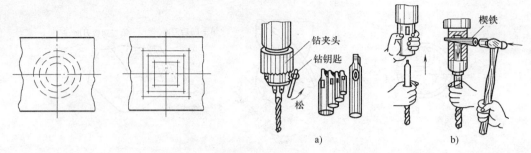

图 1-72　孔位置检查线

图 1-73　钻头装拆

对于13mm以上的锥柄钻头，用柄部的莫氏锥体直接与钻床主轴相连。较小的钻头不能直接与钻床主轴的内莫氏锥度相配合，须选用相应的钻套与其连接起来才能进行钻孔。每个钻套上端有一扁尾，套筒内腔和主轴锥孔上端均有一扁槽，安装时如图1-73b所示，将钻头或钻套的扁尾沿锥孔方向装入扁槽中，以传递转矩，使钻头顺利切削。拆卸时，用楔铁敲入套筒或主轴锥孔的扁槽内，利用楔铁斜面的向下分力，使钻头与套筒或主轴分离。在装夹钻头前，钻头、钻套、主轴必须分别擦干净，连接要牢固，必要时可用木块垫在钻床工作台上，摇动钻床手柄，使钻头向木块冲击几次，即可将钻头装夹牢固。严禁用手锤等硬物敲击钻头。钻头装好后应使径向跳动尽量小。

3）工件的夹持　钻孔时，工件的装夹方法应根据钻孔直径的大小及工件的形状来决定。一般钻削直径小于8mm的孔，而工件又可用手握牢时，可用手拿住工件钻孔，但工件上锋利的边角要倒钝。当孔快要钻穿时要特别小心，进给量要小，以防发生事故。除此之外，还可采用其他不同的装夹方法来保证钻孔质量和安全。

① 用手虎钳夹紧　在小型工件、板上钻小孔或不能用手握住工件钻孔时，必须将工件放置在定位块上，用手虎钳夹持来钻孔，如图1-74a所示。

② 用平口钳夹紧　钻孔直径超过8mm且在表面平整的工件上钻孔时，可用平口钳来装夹，如图1-74b所示。装夹时，工件应放置在垫铁上，防止钻坏平口钳，工件表面与钻头要保持垂直。

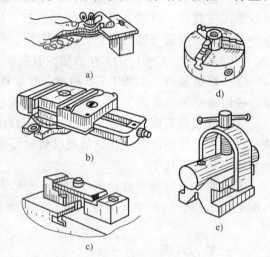

图 1-74　工件的装夹方法
a）手虎钳夹紧　b）平口钳夹紧
c）压板夹紧　d）三爪自定心卡盘夹紧　e）V形块夹紧

③ 用压板夹紧　钻大孔或不便用平口钳夹紧的工件，可用压板、螺栓、垫铁直接固定在钻床工作台上进行钻孔，如图1-74c所示。

④ 用三爪自定心卡盘夹紧　在圆柱工件端面上钻孔，用三爪自定心卡盘来夹紧，如图1-74d所示。

⑤ 用V形块夹紧　在圆柱形工件上钻孔，可用带夹紧装置的V形块夹紧，也可将工件放在V形块上并配以压板压牢，以防止工件在钻孔时转动，如图1-74e所示。

4)切削液的选择 在钻削过程中,由于钻头处于半封闭状态下工作,钻头与工件的摩擦和切屑的变形等产生大量的切削热,会严重降低钻头的切削能力,甚至引起钻头的退火。为了提高生产效率,延长钻头的使用寿命,保证钻孔质量,钻孔时要注入充足的切削液。切削液一方面有利于切削热的传导,起到冷却作用,另一方面可流入钻头与工件的切削部位,有利于减少两者之间的摩擦,降低切削阻力,提高孔壁质量,起到润滑作用。

由于钻削属于粗加工,切削液主要是为了提高钻头的寿命和切削性能,因此以冷却为主。钻削不同的材料时的切削液选择见表1-7。

表1-7 钻削不同材料的切削液选择

工件材料	切 削 液
各类结构钢	3%~5%乳化液,7%硫化乳化液
不锈钢、耐热钢	3%肥皂+2%亚麻水溶液,硫化切削液
纯铜、黄铜、青铜	不用,5%~8%乳化液
铸铁	不用,5%~8%乳化液,煤油
铝合金	不用,5%~8%乳化液,煤油,煤油与菜油的混合油
有机玻璃	5%~8%乳化液,煤油

5)起钻及进给操作 钻孔时,先使钻头对准样冲中心钻出一浅坑,观察钻孔位置是否正确,通过不断找正使浅坑与钻孔中心同轴。具体找正方法:若偏位较少,可在起钻的同时用力将工件向偏位的反方向推移,达到逐步校正;若偏位较多,如图1-75所示,可在校正方向打上几个样冲眼或用油槽錾錾出几条槽,以减少此处的切削阻力,达到校正目的。无论采用何种方法,都必须在浅坑外圆小于钻头直径之前完成,否则校正就困难了。

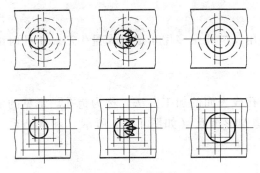

图1-75 起钻偏位校正

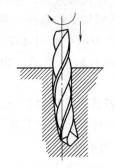

图1-76 钻孔轴线歪斜

当起钻达到钻孔位置要求后,即可按要求完成钻孔。手动进给时,进给用力不应使钻头产生弯曲,以免钻孔轴线歪斜,如图1-76所示。当孔将要钻穿时,必须减少进给量,如果是采用自动进给,此时最好改为手动进给。因为当钻尖将要钻穿工件材料时,轴向阻力突然减少,由于钻床进给机构的间隙和弹性变形的恢复,将使钻头以很大的进给量自动切入,以致造成钻头折断或钻孔质量降低等现象。

钻盲孔时,可按钻孔深度调整挡块,并通过测量实际尺寸来检查钻孔的深度是否达到要求。钻深孔时,钻头要经常退出排屑,防止钻头因切屑堵塞而扭断。直径超过30mm的大孔可分两次钻削,先用0.5~0.7倍孔径的钻头钻孔,再用所需孔径的钻头扩孔。这样可以减少轴向力,保护机床,同时又可提高钻孔质量。

3. 钻孔的安全知识

1）钻孔前检查钻床的润滑、调速是否良好，工作台面清洁干净，不准放置刀具、量具等物品。

2）操作钻床时不可戴手套，袖口必须扎紧，女生戴好工作帽。

3）工件必须夹紧牢固。

4）开动钻床前，应检查钻钥匙或斜铁是否插在钻轴上。

5）操作者的头部不能太靠近旋转的钻床主轴，停车时应让主轴自然停止，不能用手刹住，也不能反转制动。

6）钻孔时不能用手和棉纱或用嘴吹来清除切屑，必须用刷子清除，长切屑或切屑绕在钻头上要用钩子钩去或停车清除。

7）严禁在开车状态下装拆工件，检验工件和变速须在停车状态下完成。

8）清洁钻床或加注润滑油时，必须切断电源。

4. 扩孔

扩孔是用扩孔钻对工件上已有的孔进行扩大加工，如图 1-77 所示。扩孔可以作为孔的最终加工，也可作为铰孔、磨孔前的预加工工序。扩孔后，孔的公差等级可达到 IT9～IT10，表面粗糙度可达到 $Ra12.5 \sim 3.2 \mu m$。

扩孔时的切削深度 a_p 按下式计算：

$$a_p = \frac{D-d}{2}$$

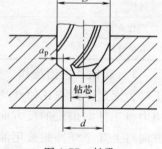

图 1-77 扩孔

式中　D——扩孔后直径，单位为 mm；
　　　d——预加工孔直径，单位为 mm。

实际生产中，一般用麻花钻代替扩孔钻使用，扩孔钻多用于成批大量生产。扩孔时的进给量为钻孔的 1.5～2.0 倍，切削速度为钻孔时的 1/2。

5. 锪孔

用锪孔刀具在孔口表面加工出一定形状的孔或表面的加工方法，称为锪孔。常见的锪孔形式有：锪圆柱形沉孔（如图 1-78a 所示）、锪锥形沉孔（如图 1-78b 所示）和锪凸台平面（如图 1-78c 所示）。

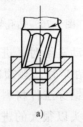  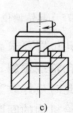

　　　　a)　　　　　　　b)　　　　　　　c)

图 1-78 锪孔形式

（1）锪锥形埋头孔　按图样锥角要求选用锥形锪孔钻，锪孔深度一般控制在埋头螺钉装入后低于工件表面约 0.5mm，加工表面无振痕。使用专用锥形锪钻（图 1-79）或用麻花钻刃磨改制（图 1-80）。

（2）锪柱形埋头孔　使用麻花钻刃磨改制的钻头锪孔（图 1-81）。柱形埋头孔要求底面平整并与底孔轴线垂直，加工表面无振痕。锪孔方法如图1-82所示。

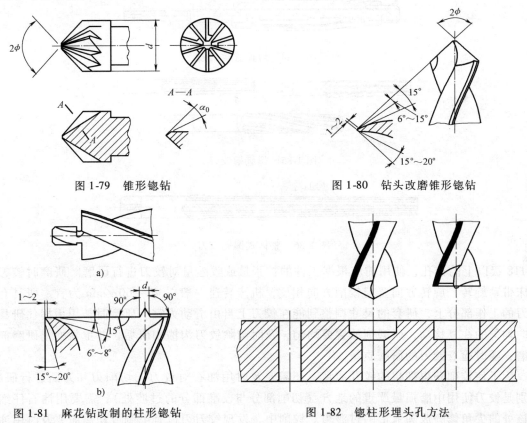

图1-79　锥形锪钻

图1-80　钻头改磨锥形锪钻

图1-81　麻花钻改制的柱形锪钻

图1-82　锪柱形埋头孔方法

6. 铰孔

用铰刀对已经粗加工的孔进行精加工的方法，称为铰孔。由于铰刀的刀齿数量多，切削余量小，导向性好，因此切削阻力小，加工精度高，一般可达到IT7～IT9级，表面粗糙度可达到$Ra3.2～0.8\mu m$，甚至更小。

（1）铰刀的种类　铰刀的种类很多，按使用方式可分为手用铰刀（图1-83a）和机用铰刀（图1-83b）两种；按铰刀结构可分为整体式铰刀和可调节式铰刀（图1-84）；按切削部分材料可分为高速钢铰刀和硬质合金铰刀；按铰刀用途可分为圆柱铰刀和圆锥铰刀；按齿槽形式可分为直槽铰刀和螺旋槽铰刀（图1-85）。

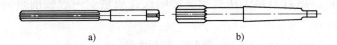

图1-83　整体式圆柱铰刀
a）手用铰刀　b）机用铰刀

钳工常用的铰刀有整体式圆柱铰刀、手用可调节式圆柱铰刀和整体式圆锥铰刀（图1-86）。

（2）铰孔前的准备

1）铰刀的研磨　新铰刀直径上留有研磨余量，且棱边的表面也较粗糙，所以公差等级

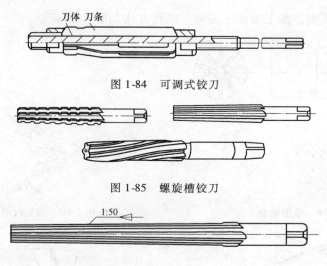

图 1-84 可调式铰刀

图 1-85 螺旋槽铰刀

图 1-86 整体式圆锥铰刀

为 IT8 级以上的铰孔，使用前应根据工件的扩张量或收缩量对铰刀进行研磨。研磨时铰刀由机床带动旋转，旋转方向要与铰削方向相反，机床转速一般以 40~60r/min 为宜。研具套在铰刀的工作部分上，研套的尺寸调整到能在铰刀上自由滑动为宜。研磨时，用手握住研具做轴向均匀的往复移动，研磨剂放置要均匀，及时清除铰刀沟槽中研垢，并重新换上研磨剂再研磨，随时检查铰刀的研磨质量。

为了使铰削获得理想的铰孔质量，还需要及时用油石对铰刀的切削刃和刀面进行研磨。特别是铰刀使用中磨损最严重的地方（切削部分与校准部分的过渡处），需要用油石仔细地将该处的尖角修磨成圆弧形的过渡刃。铰削中，发现铰刀刃口有毛刺或积屑瘤要及时用油石小心地修磨掉。

若铰刀棱边宽度较宽时，可用油石贴着后刀面，并与棱边倾斜 1°，沿切削刃垂直方向轻轻推动，将棱边磨出 1°左右的小斜面。

2）铰削用量的确定　铰削用量包括铰削余量、机铰时的切削速度和进给量。合理选择铰削用量，对铰孔过程中的摩擦、切削力、切削热、铰孔的质量及铰刀的寿命有直接的影响。

① 铰削余量　铰削余量的选择应考虑到直径大小、材料软硬、尺寸精度、表面粗糙度、铰刀的类型等因素。如果余量太大，不但孔铰不光，且铰刀易磨损；过小，则上道工序残留的变形难以纠正，原有刀痕无法去除，影响铰孔质量。一般铰削余量的选用，可参考表 1-8。

表 1-8　铰削余量

铰孔直径/mm	<5	5~20	21~32	33~50	51~70
铰削余量/mm	0.1~0.2	0.2~0.3	0.3	0.5	0.8

此外，铰削精度还与上道工序的加工质量有直接的关系，因此还要考虑铰孔的工艺过程。一般铰孔的工艺过程是：钻孔→扩孔→铰孔。对于公差等级 IT8 级以上、表面粗糙度 $Ra1.6\mu m$ 的孔，其工艺过程是：钻孔→扩孔→粗铰→精铰。

② 机铰时的切削速度和进给量　机铰时的切削速度和进给量要选择适当。过大，铰刀

容易磨损，也容易产生积屑瘤而影响加工质量。过小，则切削厚度过小，反而很难切下材料，对加工表面形成挤压，使其产生塑性变形和表面硬化，最后形成刀刃撕去大片切屑，增大了表面粗糙度值，也加速了铰刀的磨损。

当被加工材料为铸铁时，切削速度≤10mm/min，进给量在 0.8mm/r 左右。

当被加工材料为钢时，切削速度≤8mm/min，进给量在 0.4mm/r 左右。

3）切削液的选用　铰削时的切屑一般都很细碎，容易粘附在刀刃上，甚至夹在孔壁与铰刀校准部分的棱边之间，将已加工的表面拉伤、刮毛，使孔径扩大。另外，铰削时产生热量较大，散热困难，会引起工件和铰刀变形、磨损，影响铰削质量，降低铰刀寿命。为了及时清除切屑和降低切削温度，必须合理使用切削液。切削液的选择见表 1-9。

表 1-9　铰孔时的切削液选择

工件材料	切削液
钢	（1）10%～20%乳化液 （2）铰孔要求较高时，采用 30%菜油加 70%肥皂水 （3）铰孔要求更高时，可用菜油、柴油、猪油等
铸铁	（1）不用 （2）煤油，但会引起孔径缩小，最大缩小量达 0.02～0.04mm （3）3%～5%低浓度的乳化液
铜	5%～8%低浓度的乳化液
铝	煤油、松节油

（3）铰孔方法

1）手用铰刀铰孔的方法

① 工件要夹正、夹紧，尽可能使被铰孔的轴线处于水平或垂直位置。对薄壁零件夹紧力不要过大，防止将孔夹扁，铰孔后产生变形。

② 手铰过程中，两手用力要平衡、均匀，防止铰刀偏摆，避免孔口处出现喇叭口或孔径扩大。

③ 铰削进给时不能猛力压铰杠，应一边旋转，一边轻轻加压，使铰刀缓慢、均匀地进给，保证获得较细的表面粗糙度。

④ 铰削过程中，要注意变换铰刀每次停歇的位置，避免在同一处停歇而造成振痕。

⑤ 铰刀不能反转，退出时也要顺转，否则会使切屑卡在孔壁和后刀面之间，将孔壁拉毛，铰刀也容易磨损，甚至崩刃。

⑥ 铰削钢料时，切屑碎末易粘附在刀齿上，应注意经常退刀清除切屑，并添加切削液。

⑦ 铰削过程中，发现铰刀被卡住，不能猛力扳转铰杠，防止铰刀崩刃或折断，而应及时取出铰刀，清除切屑和检查铰刀。继续铰削时要缓慢进给，防止在原处再次被卡住。

2）机用铰刀的铰削方法　使用机用铰刀铰孔时，除注意手铰时的各项要求外，还应注意以下几点。

① 要选择合适的铰削余量、切削速度和进给量。

② 必须保证钻床主轴、铰刀和工件孔三者之间的同轴度要求。对于高精度孔，必要时

采用浮动铰刀夹头来装夹铰刀。

③ 开始铰削时先采用手动进给，正常切削后改用自动进给。

④ 铰盲孔时，应经常退刀清除切屑，防止切屑拉伤孔壁；铰通孔时，铰刀校准部分不能全部出头，以免将孔口处刮坏，退刀时困难。

⑤ 在铰削过程中，必须注入足够的切削液，以清除切屑和降低切削温度。

⑥ 铰孔完毕，应先退出铰刀后再停车，否则孔壁会拉出刀痕。

九、钳工常用量具

量具是用来检验或测量工件、产品是否满足预先确定的条件所用的工具，如测量长度、角度、表面质量、形状及各部分的相关位置等。量具的种类很多，钳工常用的量具多为通用量具和专用量具。

1. 通用量具

通用量具一般都有分度，在测量范围内可以测量工件及产品的形状和尺寸的具体数值。常用的有钢直尺、游标卡尺、万能角度尺和百分表等。

（1）钢直尺　钢直尺是钳工常用量具中最基本的一种，一般用不锈钢制成，如图 1-87 所示。其测量精度为 ±0.2 mm。钢直尺尺边平直，尺面有米制或英制的分度，可以用来测量工件的长度、宽度、高度和深度。有时还可用来对一些要求较低的工件表面进行平面度误差检查。

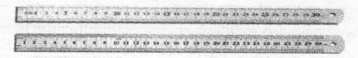

图 1-87　钢直尺

（2）游标卡尺　游标卡尺是一种适合测量中等精度尺寸的量具，可以直接测量出工件的外尺寸、内尺寸和深度尺寸。

游标卡尺可分为三用游标卡尺和双面量爪游标卡尺两种，其中三用游标卡尺主要由尺身、游标、内量爪、外量爪、深度尺、锁紧螺钉等组成，如图 1-88 所示。

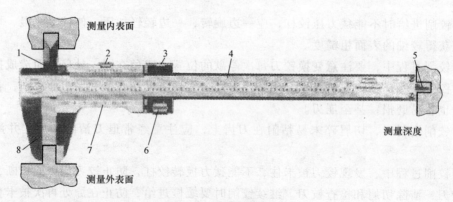

图 1-88　游标卡尺

1、8—量爪　2、3—锁紧螺钉　4—尺身　5—深度尺　6—微调装置　7—游标

常用游标卡尺的测量精度按游标每格的读数值有 0.1 mm（1/10）、0.05mm（1/20）、0.02mm（1/50）三种，其中常用的有 0.05mm 和 0.02mm 两种。

1) 刻线原理

① 0.1 mm 游标卡尺的刻线原理　尺身每小格为 1 mm，当两测量爪合并时，游标上的 10 格刚好与尺身上的 9 mm 对正。尺身与游标每格之差为：1 - 9/10 = 0.1 mm，此差值即为 1/10 mm 游标卡尺的测量精度，如图 1-89a 所示。据上述原理。在图 1-89b 中，尺身与游标刻线对齐的 5 格之差则为 0.1 mm × 5 = 0.5 mm。

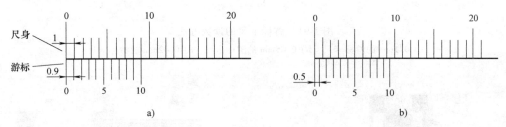

图 1-89　0.1mm 游标卡尺的刻线原理

② 0.02 mm 游标卡尺的刻线原理　尺身每小格为 1 mm，当两测量爪合并时，游标上的 50 格刚好与尺身上的 49 mm 对正。尺身与游标每格之差为：1 - 49/50 = 0.02 mm，此差值即为 1/50 mm 游标卡尺的测量精度，如图 1-90a 所示。

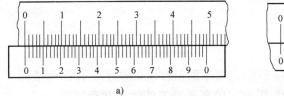 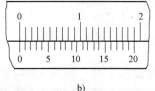

图 1-90　游标卡尺的刻线原理
a) 0.02mm 的游标卡尺　b) 0.05mm 的游标卡尺

③ 0.05 mm 游标卡尺的刻线原理　尺身每小格为 1 mm，当两测量爪合并时，游标上的 20 格刚好与尺身上的 19 mm 对正。尺身与游标每格之差为：1 - 19/20 = 0.05 mm，此差值即为 1/20 mm 游标卡尺的测量精度，如图 1-90 b 所示。

2) 读数方法　游标卡尺是以游标零线为基准进行读数的，其读数步骤为：

① 读整数　在尺身上读出位于游标零线左边最接近的整数值。如图 1-91a 为 3 mm，图 1-91b 为 22 mm，图 1-91c 为 21 mm。

② 读小数　用游标上与尺身刻线对齐的刻线格数，乘以游标卡尺的测量精度值，读出小数部分。如图 1-91a 为 0.1 mm × 2 = 0.2 mm，图 1-91b 为 0.05 mm × 10 = 0.5 mm，图 1-91c 为 0.02 mm × 25 = 0.5 mm。

③ 求和　将两项读数值相加，即为被测尺寸，即 图 1-91a 为 3 mm + 0.2 mm = 3.2 mm，图 1-91b 为 22 mm + 0.5 mm = 22.5 mm，图 1-91c 为 21 mm + 0.5 mm = 21.5 mm。

一般情况下，三用游标卡尺的测量范围有 0 ~ 125 mm 和 0 ~ 150 mm 两种；双面量爪游标卡尺的测量范围有 0 ~ 200 mm 和 0 ~ 300 mm 两种。

3) 其他游标卡尺

① 电子数显卡尺及带表卡尺　电子数显卡尺如图 1-92 所示。其特点是读数直观准确，可用米制和英制两种长度单位分别进行测量。图 1-93 所示为带表卡尺。

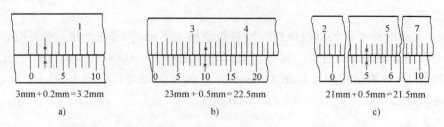

$3mm+0.2mm=3.2mm$
a)

$23mm+0.5mm=22.5mm$
b)

$21mm+0.5mm=21.5mm$
c)

图 1-91 游标卡尺的读数方法
a) 0.1mm 的游标卡尺 b) 0.05mm 的游标卡尺 c) 0.02mm 的游标卡尺

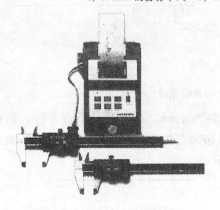

图 1-92 电子数显卡尺

图 1-93 带表卡尺

② 深度游标卡尺 如图 1-94a 所示，用来测量台阶的高度、孔深和槽深。

③ 高度游标卡尺 如图 1-94b 所示，用来测量工件的高度和划线。

④ 齿厚游标卡尺 如图 1-94c 所示，用来测量齿轮（或蜗杆）的弦齿厚或弦齿高。

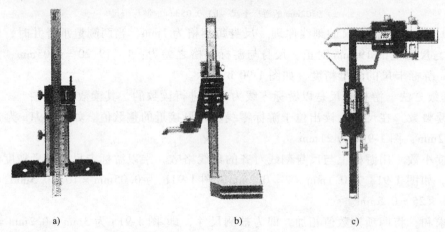

a)   b)   c)

图 1-94 其他游标卡尺
a) 深度游标卡尺 b) 高度游标卡尺 c) 齿厚游标卡尺

（3）游标式万能角度尺 用于测量工件和样板的内、外角度及角度划线，其外形如图 1-95 所示。它由尺身、90°角尺、游标、扇形板、基尺、直尺、卡块等零、部件组成，常用的类型有 Ⅰ 型、Ⅱ 型两种，其测量范围分别为 0°~320°和 0°~360°。

游标式万能角度尺的测量精度有 5′和 2′两种。其中精度为 2′的游标式万能角度尺的刻线原理是：尺身刻线每格1°，游标是将尺身上29°所占得弧长等分为30格，每格所对的角度为（29/30）°，因此游标1格与尺身1格相差：1°－（29/30）°=（1/30）°=2′。

游标式万能角度尺的读数方法与游标卡尺的读数方法相似，即先从尺身上读出游标零刻线左边的分度整数，然后在游标上读出分的数值（格数×2′），两者相加就是被测工件的角度数值，如图1-96所示。

2. 专用量具

专用量具是一种不能直接读出被测工件的实际尺寸数，但能判断被测工件的形状以及尺寸等是否合格的一类量具。这一类量具主要有：卡规、塞规、塞尺等。

（1）卡规 卡规（又叫卡板）是用来检验圆柱形、矩形、多边形等工件外部尺寸的量规。它有两个平行的测量面，其中，大端尺寸按工件的最大极限尺寸制作，在测量时应能使工件通过，称为通规；小端尺寸按工件的最小极限尺寸制作，在测量时使工件不能通过，称为止规，如图1-97所示。

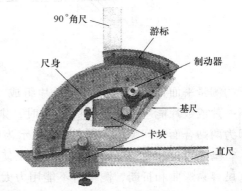

图1-95 游标式万能角度尺

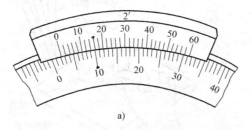
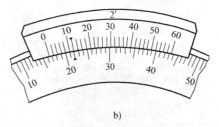

图1-96 游标式万能角度尺的读数方法

a) $2°+8×2′=2°16′$ b) $16°+6×2′=16°12′$

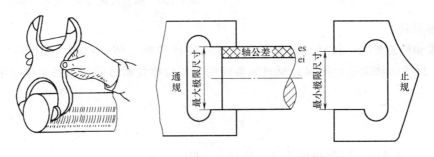

图1-97 卡规

用卡规检验工件时，如果通规能通过而止规不能通过，则说明该工件的尺寸在允许的公差范围内，是合格的；如果通规和止规都能通过，则说明工件尺寸太小，已成废品；如果通规和止规都不能通过，则说明工件尺寸太大，不合格，需返工。

（2）塞规 塞规是用来检验零件内径尺寸的量具，其工作原理和使用方法与卡规一样，如图1-98所示。

（3）塞尺 塞尺是用来检验两个贴合面之间的间隙大小的片状定值量具。它有两个平

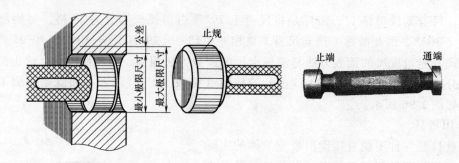

图 1-98 塞规

行的测量平面,每套塞尺由若干片组成,如图 1-99 所示。测量时,用塞尺直接塞入间隙,当一片或数片能塞进两贴合面之间时,则一片或数片的厚度(可由每片上的标记值读出)即为两贴合面的间隙值。图 1-100 所示为用塞尺配合 90°角尺检测工件垂直度的情况。

塞尺可单片使用,也可多片叠起来使用,但在满足所需尺寸的前提下,片数越少越好。塞尺容易弯曲和折断,测量时不能用力太大,也不能测量温度较高的工件,用完后要擦拭干净,及时合到夹板中。

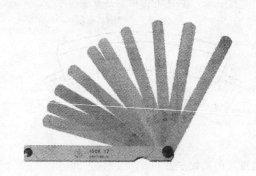

图 1-99 塞尺

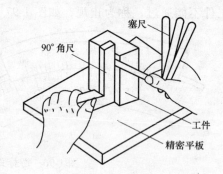

图 1-100 用塞尺配合 90°角尺检测工件垂直度

3. 精密量具

(1) 微动螺旋量具 微动螺旋量具采用了高精度的螺旋传动机构,测微螺杆将旋转运动变为轴向直线运动来进行测量,反过来轴向的直线位移量通过微分筒的角位移来表达且两者成正比。即

$$x = \frac{\varphi}{2\pi}P$$

式中 x——测量螺旋杆的直线位移量,单位为 mm;

φ——微分筒的转角,单位为弧度;

P——测微螺杆的螺距,单位为 mm。

微动螺旋量具是一种精密量具。

1) 外径千分尺 外径千分尺如图 1-101 所示。

① 外径千分尺的刻线原理 微分筒的外圆锥面上刻有 50 格,测微螺杆的螺距为 0.5mm。微分筒每转动一圈,测微螺杆就轴向移动 0.5mm,当微分筒每转动一格时,测微螺杆就移动 $0.5/50 = 0.01$mm,所以外径千分尺的测量精度为 0.01mm,如图 1-102 所示。

② 外径千分尺的读数方法 如图 1-103 所示，在固定套管上读出与微分筒相邻近的分度线数值；用微分筒上与固定套管的基准线对齐的刻线格数，乘以千分尺的测量精度（0.01mm），读出不足 0.5mm 的数；然后将前两项读数相加，即为被测尺寸。

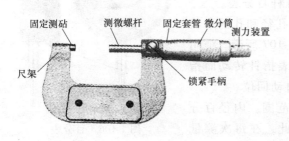

图 1-101　外径千分尺

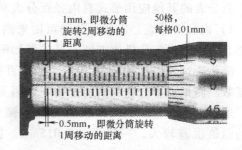

图 1-102　外径千分尺的刻线原理

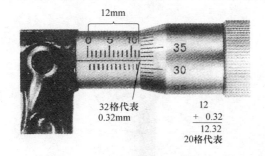

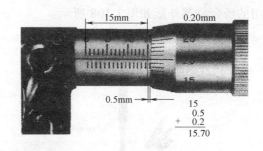

图 1-103　千分尺的读数方法

③ 外径千分尺的测量范围和精度 外径千分尺的测量范围在 500mm 以内时，每 25mm 为一挡，如 0~25mm，25~50mm 等；测量范围在 50~1000mm 时，每 100mm 为一挡，如 500~600mm，600~700mm 等。外径千分尺按制造精度分为 0 级、1 级和 2 级。

2）内径千分尺 内径千分尺是用来测量内径及槽宽等尺寸的，它分为普通式（图 1-104）和管接式（图 1-105）两种。

图 1-104　普通内径千分尺

图 1-105　管接式内径千分尺

普通内径千分尺用于测量小孔，它的读数方法和测量精度与外径千分尺相同，但刻线方向相反，常用的测量范围有 5~30mm 和 25~50mm 两种，分度值为 0.01mm；管接式内径千分尺可用于测量较大的孔径。

(2) 百分表 百分表如图 1-106 所示，用来测量工件的尺寸、形状和位置误差，也可用于检验机床的几何精度或调整工件的装夹位置偏差。

使用百分表进行测量时，首先让长指针对准零位。具体测量时，量杆被推向管内，量杆移动的距离等于小指针的读数（测出的整数部分）加上大指针的读数（测出的小数部分）。

百分表的测量精度一般为 0.01mm，其测量范围一般有 0~3mm，0~5mm 和 0~10mm 3 种。按制造精度不同，百分表可分为 0 级、1 级和 2 级。

百分表的其他应用形式有内径百分表和杠杆百分表。

1）内径百分表　内径百分表可用来测量孔径和孔的形状误差，对于测量深孔极为方便，其外形如图 1-107 所示。使用时，测头通过表内摆块使杆上移，推动百分表指针转动而指出读数。测量完毕，在弹簧的作用下，测头自动回位。

通过更换固定测头可改变百分表的测量范围。内径百分表的示值误差较大，一般为 ±0.015mm。因此，在每次测量前都必须用千分尺进行校对。

2）杠杆百分表　杠杆百分表常用于车床上校正工件的安装位置或用在普通百分表无法使用的场合。其外形如图 1-108 所示。

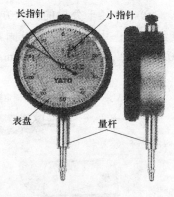

图 1-106　百分表

图 1-107　内径百分表

图 1-108　杠杆百分表

（3）标准量块

1）量块　量块是机械制造业中各类尺寸的标准，它可以用来检验量具或量仪，也可以用来对工件进行精密划线和对精密机床进行调整。当采用附件时，量块还可以测量某些精度要求较高的工件尺寸。

① 量块的类型　常用的量块类型有测量长度尺寸的量块和测量角度的量块。其基本类型如图 1-109 所示。

② 量块的应用　测量长度的量块一般成套使用，装在特制的木盒中，如图 1-110 是图 1-109 中 a 处的放大图。常用成套量块的基本尺寸和块数见表 1-10。

把不同基本尺寸的量块进行组合可得到所需要的尺寸。为了工作方便，减少累积误差，选用量块时，应尽可能选用最少的块数，一般情况下不超过 5 块。计算时应根据所需组合的尺寸，从最后一位数字开始选择，每选一块，应使尺寸数字的位数减少一位，以此类推，直至组合成完整的尺寸。例如，所要尺寸为 38.935，从 83 块一套的盒中选取：

```
  38.935          组合尺寸
-  1.005          第一块量块尺寸
```

```
   37.93
 -  1.43      第二块量块尺寸
   36.5
 -  6.5       第三块量块尺寸
   30         第四块量块尺寸
```

即选用 1.005mm，1.43mm，6.5mm，30mm 共 4 块量块。

表 1-10 成套量块

套别	总块数	级别	基本尺寸系列/mm	间隔/mm	块数
1	91	00, 0, 1	0.5	—	1
			1	—	1
			1.001, 1.002, …, 1.009	0.001	9
			1.01, 1.02, …, 1.49	0.01	49
			1.5, 1.6, …, 1.9	0.1	5
			2.0, 2.5, …, 9.5	0.5	16
			10, 20, …, 100	10	10
2	83	00, 0, 1, 2, (3)	0.5	—	1
			1	—	1
			1.005	—	1
			1.01, 1.02, …, 1.49	0.01	49
			1.5, 1.6, …, 1.9	0.1	5
			2.0, 2.5, …, 9.5	0.5	16
			10, 20, …, 100	10	10
3	46	0, 1, 2	1	—	1
			1.001, 1.002, …, 1.009	0.001	9
			1.01, 1.02, …, 1.09	0.01	9
			1.1, 1.2, …, 1.9	0.1	9
			2, 3, …, 9	0.5	8
			10, 20, …, 100	10	10
4	38	0, 1, 2, (3)	1	—	1
			1.005	—	1
			1.01, 1.02, …, 1.09	0.01	9
			1.1, 1.2, …, 1.9	0.1	9
			2, 3, …, 9	1	8
			10, 20, …, 100	10	10

2）正弦规 正弦规是利用三角函数中的正弦关系与量块配合校验工件角度或锥度的一种精密量具。使用时，将正弦规放置在精密平板上，工件放在正弦规工作台的台面上，在正弦规一个圆柱的下面垫上一组量块，如图 1-111 所示。量块组的高度根据被测工件的锥度通过计算获得。然后用百分表检查锥面上母线两端的高度，若两端高度相等，说明锥度正确。

若高度不等,说明工件的锥度有误差。

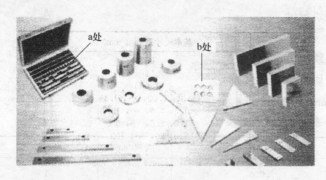

图 1-109　各种类型的量块　　　　　图 1-110　成套放置的量块

所需量块组的高度可按下式计算

$$h = L\sin 2\alpha$$

式中　h——量块组高度,单位为 mm;
　　　L——正弦规中心距,单位为 mm;
　　　2α——被测工件锥度。

例　使用中心距为 100mm 的正弦规,校验圆锥角为 5°的圆锥塞规,试求圆柱下应垫量块组的高度。

解:由题意得 $L = 100$mm,$2\alpha = 5°$则

$$h = L\sin 2\alpha = (100 \times 0.0871557)\text{mm} = 8.716\text{mm}$$

答:正弦规圆柱下应垫量块的高度为 8.716mm。

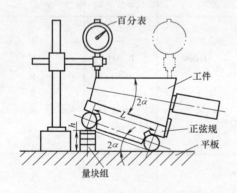

图 1-111　正弦规及其使用方法

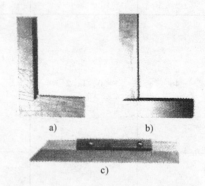

图 1-112　90°角尺及刀口直尺
a) b) 90°角尺　c) 刀口直尺

(4) 测量角度的量具和量仪　测量角度的量具和量仪比较多,前面我们所介绍的游标式万能角度尺和角度量块、正弦规等都属于测量角度的量具,此外,工具钳工常用的测量角度的量具还有角尺、水平仪等。

1) 90°角尺　90°角尺是用来测量工件上的直角或在装配中检验工件间相互垂直度的量具,它也可以用来划线。90°角尺常用的类型有宽座角尺、刀口角尺等,其中宽座角尺一般用于生产现场检验普通零件;而刀口角尺既可以检测平面,又可以检测圆弧面。图 1-112 所示为常用的 90°角尺和刀口直尺。

2）水平仪 水平仪是一种测量小角度的精密量仪，如图 1-113 所示，主要用来测量平面对水平面或竖直面的位置偏差，也是机械设备安装、调试和精度检验的常用量仪之一。

① 水平仪的种类 水平仪的种类主要有条式水平仪（又称钳工水平仪）、框式水平仪、合像水平仪等，其中生产上常用的是框式水平仪和合像水平仪。

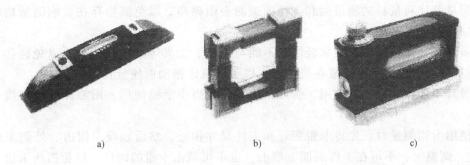

图 1-113 水平仪
a）条式水平仪 b）框式水平仪 c）合像水平仪

② 水平仪的读数原理 分度值为 0.02mm/m 的水平仪，反映着水平仪的精度为气泡每移动一格，被测平面在 1m 长度内的高度差为 0.02mm，如图 1-114 所示。由此可以得出确定被测平面两端高度差的计算式为

$$h = \frac{0.02}{1000}NL = KNL$$

式中 N——水准气泡移动的格数；

L——水平仪工作面（俗称桥板垫铁）的长度；

K——水平仪的精度。

一般框式水平仪工作面的长度为 200mm，水准气泡移动 1 格时水平仪两端的高度差为

$$h = KNL = \left(\frac{0.02}{1000} \times 1 \times 200\right)\text{mm} = 0.04\text{mm}$$

框式水平仪的分度值常用的有 0.01mm/m、0.02mm/m 和 0.04mm/m 等几种，规格有 150mm×150mm、200mm×200mm 和 300mm×300mm 等几种。

4. 常用量具的使用、维护和保养

（1）量具的选用规范

1）首先应了解测量对象（如尺寸大小、精度要求等），再选择相应规格的量具，以保证量具的测量范围及精度等满足要求。

2）应考虑被测对象的表面质量。表面粗糙的被测对象不宜用精密量具，以防磨损过快，增加了产品成本。

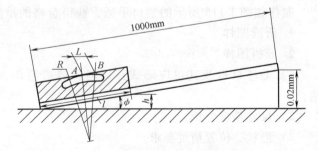

图 1-114 水平仪的读数原理

3）应注意被测对象材料的因素。软材、薄壁件及精度要求高的零件，应选测量力小或测量力为零的量具（如光学量仪、影像法测量等），以防零件变形，产生人为误差。

4）考虑生产性质。大批大量生产、要求测量指标多的，应尽量采用专用量具及综合测量法；而小批生产则选用万能量具。

(2) 量具的维护保养　为了保持量具的精度,延长其使用寿命,对量具的维护和保养必须注意。为此,应做到以下几点:

1) 不得用手握、抓测量面和刻线部分,以防生锈而影响测量精度。更不得用油石、砂纸等硬物刮擦测量面和刻线部分。

2) 测量前应将量具的测量面和工件的被测表面擦净,以免脏物存在影响测量精度和加快量具的磨损。

3) 量具在使用过程中应轻拿轻放,不能与刀具、工具等堆放在一步,以免碰伤、损坏而影响测量精度。也不要随便放在机床上,以免因机床振动而使量具掉落损坏。

4) 量具不能作其他工具使用,例如,用千分尺当小手锤使用,用游标卡尺划线等都是错误的。

5) 使用卡钳测量时,先将卡钳掰开和工件尺寸相近,然后轻敲卡钳内、外侧来调整卡脚的开度。调整时,不可在工件表面上敲击,也不可敲击卡钳的钳口,以免损伤卡钳。

6) 严禁将量具放在温差较大的地方,因为温度对测量结果的影响很大。精密测量一定要在20℃左右进行。一般测量可在室温下进行,但必须使工件和量具温度一致。

7) 量具不能放在热源(如电炉子、暖气设备等)附近,以免受热变形而失去精度。也不要把量具放在磁场附近,以免使量具磁化。

8) 不能用精密量具测量粗糙的铸、锻毛坯或带有研磨剂的表面。更不能测量转动的工件。

9) 发现量具有不正常现象(如表面不平、有毛刺、有锈斑、尺身弯曲变形、活动零部件不灵活等)时,使用者不要随意拆修,应由专职人员检修。

10) 量具应经常保持清洁。量具使用后应及时擦干净,并涂上防锈油放入专用盒,存放在干燥处。精密量具最好由专职人员妥善保管。精密量具应定期送计量室(计量站)检定,以免其示值误差超差而影响测量结果。

任务实施

一、任务分析

制作如图1-115所示的錾口手锤,获得合格的精度要求。

1. 研读图样

2. 分析图样

1) 毛坯材料及其供应形式:棒料、铸造毛坯、锻造毛坯、板料、型钢、半成品或其他;

2) 尺寸精度分析。

3) 形状、位置精度要求。

4) 表面粗糙度要求。

5) 其他技术要求。

二、制订工作计划

1. 通过教师的讲解和小组讨论,理解掌握錾口手锤的结构特点和尺寸要求,明确手工制作的难点,制定小组成员的作业计划。

2. 研读并巩固前面的"理论知识"部分内容,通过讨论明确加工方案和步骤。依据确

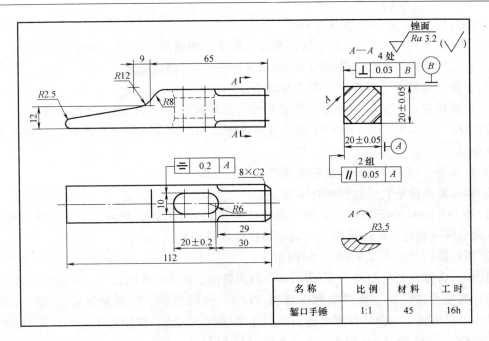

图 1-115 手锤

定的加工方案，并结合教师发放的学习操作说明书，编制材料和工具清单。

考评观测点：

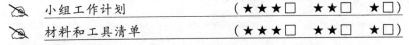

三、设计工艺规程

讨论加工工艺路线，并编制工艺顺序卡（自行编制），反复检查后上交教师审核并确认。该操作路线可参考下列路线：

1) 下料。
2) 按图样要求，先加工外形尺寸基准面。
3) 划线、打样冲。
4) 钻腰形孔。
5) 粗、精锉腰形孔，达到图样要求。
6) 粗、精锉削倒角。
7) 锯去舌部余料，粗、精锉舌部和各圆弧面。
8) 粗、精锉手锤圆头，保证手锤总长尺寸。

考评观测点：

四、制作手锤

以小组为单位根据制定的加工流程进行协同作业，小组之间注意分工合作，同时接受教师的监控和指导，关注教师的示范。

工件的加工方法如下（供参考）：

1）通过分析图 1-115，了解手锤的形状、尺寸，明确加工任务，检查材料尺寸。

2）按图样要求，先加工外形尺寸 20mm×20mm，留精锉余量。

3）锉削一端面，达到垂直、平直等要求。

4）按图样要求划出錾口手锤外形加工线（两面同时划出）、腰形孔加工线、4×3.5mm×45°倒角线、端部 8×2mm×45°倒角线等。详细对照图样检查划线的准确性，看是否有遗漏的地方。

5）打样冲，用 ϕ9.7mm 钻头钻腰形孔。

6）粗、精锉腰形孔，达到图样要求。

7）锉 4-3.5mm×45°倒角。先用小圆锉粗锉 R3.5mm 圆弧，然后用扁锉、粗、细锉倒角面，再用小圆锉精锉 R3.5mm 圆弧，最后用推锉修整至要求。

8）粗、精锉端部 8 个 2mm×45°倒角。

9）锯去舌部余料，粗锉舌部、R12mm 内圆弧面、R8mm 外圆弧面，留精锉余量。

10）精锉舌部斜面，再用半圆锉精锉 R12mm 内圆弧面、用细扁锉精锉 R8mm 外圆弧面，最后用细扁锉、半圆锉推锉修整，达到连接圆滑、光洁、纹理整齐。

11）粗、精锉 R2.5mm 圆头，保证手锤总长 112mm。

12）用砂纸将各加工面全部打光，交件待检。

五、产品质量检验

在教师的监督下，小组按图测量手锤的所有尺寸，并填写产品质量检测卡。小组之间相互交换测量手锤的所有尺寸，并填写产品质量检测卡。

考评观测点：

　　产品质量检测卡　　　　　　（★★★□　★★□　★□）

六、考核评价

撰写实训报告。教师或专家根据前述考评观测点的成绩，以及学生的实训报告，给学生客观评价，并提出发展性的建议。

考评观测点：

　　实训报告　　　　　　　　　（★★★□　★★□　★□）
　　一生一卡　　　　　　　　　（★★★□　★★□　★□）

拓展练习

1. 什么叫找正？什么叫借料？
2. 打样冲眼应注意什么？
3. 写出图 1-116 所示工件的划线步骤和使用工具，并指出划线基准（已加工面）。
4. 錾削时怎样调整錾削深度？
5. 錾子楔角怎样选择？楔角大小对加工有何影响？

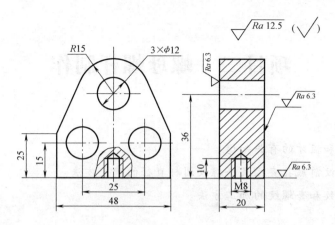

图 1-116 划线工件

6. 起锯和锯削时操作要领是什么？
7. 当锯条折断后，换上新锯条，能不能在原锯缝中继续锯削？为什么？
8. 锉削内圆弧面时，锉刀为什么要同时完成 3 个运动？
9. 何时使用交叉锉、顺锉和推锉？怎样按加工对象正确地选择锯齿的粗细？
10. 整个锉削过程中两个手的力是如何变化的？
11. 为什么将钻通时容易产生钻头轧住不转或折断的现象？
12. 为什么钻头在斜面上不好钻孔？可以采用哪些办法来解决？
13. 试钻后发生浅坑中心偏离准确位置，应如何纠正？
14. 为什么直径大于 30mm 的孔采用先钻小孔后扩成大孔的方法，而不用大钻头一次钻孔？
15. 立钻、台钻和摇臂钻的结构和用途如何？
16. 钻、扩孔和铰孔时，所用的刀具和操作方法有何区别？为什么扩孔和铰孔能提高孔的加工质量？

项目二　螺母螺杆制作

【知识目标】
◇　掌握丝锥和板牙的有关知识。
◇　掌握攻螺纹前底孔直径及套螺纹圆杆直径的确定方法。
◇　掌握攻螺纹和套螺纹的加工方法。

【能力目标】
◇　会依据图样正确选用丝锥、板牙等工具。
◇　具备攻螺纹、套螺纹加工操作动手能力。
◇　具备螺纹加工中常见问题的分析能力和解决能力。
◇　通过小组协同作业增强沟通能力。

理 论 知 识

一、常用螺纹的种类

1. 米制螺纹

米制螺纹也叫普通螺纹，螺纹牙型角为60°，分粗牙普通螺纹和细牙普通螺纹两种。粗牙螺纹主要用于联接；细牙螺纹由于螺距小，螺纹升角小，自锁性好，除用于承受冲击、振动或变载的联接外，还用于调整机构。普通螺纹应用广泛，具体规格见相关国家标准。

2. 英制螺纹

英制螺纹的牙型角为55°，在我国只用于修配，新产品不使用。

3. 管螺纹

管螺纹是用于管道连接的一种英制螺纹，管螺纹的公称直径为管子的内径。

4. 圆锥管螺纹

圆锥管螺纹也是用于管道连接的一种英制螺纹，牙型角有55°和60°两种，锥度为1∶16。

二、攻螺纹

1. 攻螺纹工具

攻螺纹的工具包括丝锥、铰杠和攻螺纹夹头。

（1）丝锥　丝锥是加工内螺纹并能直接获得螺纹尺寸的一种螺纹刀具。丝锥结构简单，使用方便，所以应用很广泛。

1）丝锥的种类

①　按使用方法不同可分为手用丝锥和机用丝锥两类。

②　按其攻制螺纹不同，可分为普通螺纹丝锥、英制螺纹丝锥、圆柱管螺纹丝锥、圆锥螺纹丝锥和板牙丝锥等。

③　按切削方法不同还可分为切削丝锥和无槽挤压丝锥。

2）丝锥的结构　丝锥的基本结构是一个轴向开槽的外螺纹，如图2-1所示。它由工作部分和柄部组成,工作部分包括切削部分和校准部分。丝锥的柄部方尾与机床上攻螺纹夹头连接或通过手用铰杠传递攻螺纹时的转矩。

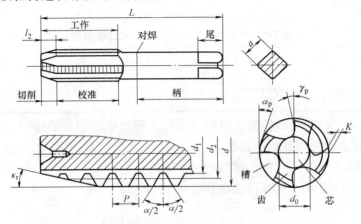

图 2-1 丝锥的结构

3)丝锥的几何参数 丝锥参数包括螺纹参数与切削参数两部分。螺纹参数有大径 d、中径 d_2、小径 d_1、螺距 P、牙型半角 $\alpha/2$ 等,这些参数由被加工螺纹的规格与精度要求来确定。切削参数包括主偏角 κ_r、端剖面前角 γ_p、后角 α_p、容屑槽槽数 z 及倒锥量等。切削参数应根据工件的材料、螺纹尺寸、切削方式等因素合理选择。

丝锥的前角 γ_p 主要根据被加工材料选择。集中生产的丝锥公称切削前角为 8°~10°,在实际使用时,丝锥前角的选择见表 2-1。

表 2-1 丝锥前角的选择

被加工材料	前角 $\gamma_p/(°)$	被加工材料	前角 $\gamma_p/(°)$
铸青铜	0	中碳钢	10
铸铁	5	低碳钢	15
高碳钢	5	不锈钢	15~20
黄铜	10	铝、铝合金	20~30

4)成组丝锥的切削用量分配 为了合理地分配攻螺纹的切削负荷,提高丝锥的使用寿命和螺纹孔的攻螺纹质量,一般将整个切削工作量分配给几支丝锥来担当。通常 M6~M24 的丝锥每组有 2 支;M6 以下及 M24 以上的丝锥每组有 3 支;细牙螺纹丝锥为两支一组。

在成组丝锥中有两种形式,即等径丝锥和不等径丝锥。

① 等径丝锥 一般有 2~3 支丝锥为一组,这几支丝锥分别称为初锥、中锥、底锥。每支丝锥的大径、中径、小径都相同,所不同的只是切削锥长度和切削锥角($2\kappa_r$)不同。在加工通孔螺纹时,只需使用初锥就可一次加工完成螺纹成品尺寸。所以效率较高。但是这种丝锥所承受的负荷较大,丝锥易磨损,而且加工的螺纹精度和表面粗糙度都较差。

② 不等径丝锥 一组丝锥中,每支丝锥的大径、中径和小径都不相同,它们分别称为头锥、二锥、精锥,只有精锥才具有螺纹要求的廓形和尺寸。此外每支丝锥的切削长度和切削锥角($2\kappa_r$)也各不相同。这种丝锥可以保证各个锥的切削负荷分配合理。因此加工螺纹省力,丝锥磨损均匀,加工的螺纹精度和表面粗糙度都较好。但它的头锥、二锥不能单独使

用，只有通过精锥加工才能符合螺纹参数的要求。

5）丝锥螺纹公差带　丝锥螺纹公差带有 H1、H2、H3、H4 四种，它所能加工的内螺纹公差等级见表 2-2。

表 2-2　丝锥公差带与加工内螺纹公差等级

丝锥公差带代号	内螺纹公差等级	丝锥公差带代号	内螺纹公差等级
H1	4H　5H	H3	6G　7H　7G
H2	5G　6H	H4	6H　7H

6）丝锥的标记　丝锥的种类和规格较多，每一种丝锥有相应的标记，弄清这些标记所代表的内容，对正确选用丝锥很有必要。

丝锥的标记包括制造厂商标、螺纹代号、丝锥公差带代号、材料代号、不等径成组丝锥的代号。

7）丝锥的刃磨　当丝锥的切削部分磨损时，可刃磨其后刀面，如图 2-2a 所示。刃磨时注意保持各刃瓣的半锥角 φ，以及切削部分长度的准确性和一致性。转动丝锥时要留心，不要使另一刃瓣的刀齿碰擦磨坏。当丝锥校准部分磨损时，可刃磨其前刀面，磨损较少时，可用油石研磨其前刀面；磨损较严重时，可用棱角修圆的片状砂轮刃磨（图 2-2b），并控制好一定的前角 γ_0。

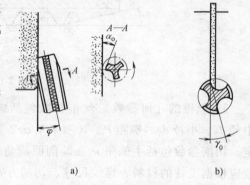

图 2-2　修磨丝锥
a）刃磨后刀面　b）用片状砂轮刃磨

(2) 铰杠　铰杠是一种手工攻制螺纹时用的辅助工具。铰杠可分为普通铰杠和丁字铰杠两类。

1）普通铰杠　普通铰杠有固定铰杠和活络铰杠两种，如图 2-3 所示。活络铰杠的柄长从 150mm 至 600mm 分为 6 种不同的规格，以适应各种不同尺寸的丝锥，见表 2-3。

表 2-3　活络铰杠的规格和适用范围

活络铰杠规格/mm	150	230	280	380	580	600
适用丝锥范围	M5~M8	M8~M12	M12~M14	M14~M16	M16~M22	M24 以上

2）丁字铰杠　丁字铰杠适用于攻制靠近台阶面的螺孔或机体内部的螺纹孔。有活络式和固定式两种，如图 2-4 所示。

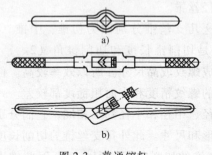

图 2-3　普通铰杠
a）固定式　b）活络式

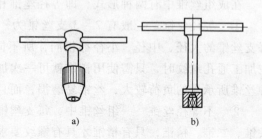

图 2-4　丁字铰杠
a）活络式　b）固定式

(3) 丝锥夹头 在钻床上攻螺纹时,要用丝锥夹头来装夹丝锥和传递攻螺纹转矩。常用丝锥夹头有以下两种:

1) 快换夹头（JB/T 3489—2007） 快换夹头分两种规格,第一种规格钻孔范围 φ1～φ31.5mm,攻螺纹范围为 M3～M24；第二种规格钻孔范围为 φ14.5～φ50mm,攻螺纹范围为 M24～M42。

2) 丝锥夹头（JB/T 9939.1—1999） 丝锥夹头攻螺纹范围为 M2～M8、M3～M12、M5～M16、M12～M24、M14～M33、M24～M42、M42～M64、M64～M80 共 8 种规格。

2. 攻螺纹前底孔的直径和深度

(1) 攻螺纹前底孔直径的确定 攻螺纹时,丝锥切削刃除起切削作用外,还对材料产生挤压,因此被挤压的材料在牙型顶端会凸起一部分,如图 2-5 所示。材料塑性越大,则挤压出的材料越多。此时,如果丝锥刀齿根部与工件牙型顶端之间没有足够的间隙,丝锥就会被挤压出来的材料轧住,造成崩刃、折断和工件螺纹烂牙。所以攻螺纹时螺纹底孔直径必须大于攻螺纹前的底孔直径。

螺纹底孔直径的大小,要根据工件材料的塑性和钻孔时的扩张量来考虑,一般按照经验公式来计算。

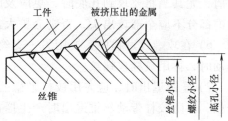

图 2-5 攻螺纹时的挤压现象

1) 加工钢和塑性较大的材料及扩张量中等的条件下

$$D_{钻} = D - P$$

式中 $D_{钻}$——螺纹底孔直径,单位为 mm；
  D——螺纹大径,单位为 mm；
  P——螺纹螺距,单位为 mm。

2) 加工铸铁和塑性较大的材料及扩张量较小的条件下

$$D_{钻} = D - (1.05 \sim 1.10) P$$

3) 英制螺纹底孔直径的计算一般可按公式计算（略）,也可从有关手册中查出。

(2) 攻螺纹底孔深度的确定 攻不通孔时,由于丝锥部分不能切出完整的牙型,所以钻孔深度要大于所需的螺孔深度,一般要求是

$$钻孔深度 = 所需螺孔深度 + 0.7D$$

3. 攻螺纹操作方法

(1) 手工攻螺纹

1) 攻螺纹前工件的装夹位置要正确,应尽量使螺孔中心线置于水平或垂直位置,其目的是攻螺纹时便于判断丝锥是否垂直于工件平面。

2) 攻螺纹前螺纹底孔的孔口要倒角,通孔螺纹两端孔口都要倒角。这样可以使丝锥容易切入,并防止攻螺纹后螺纹出孔口处崩裂。

3) 在开始攻螺纹时,要尽量把丝锥放正,然后用手压住丝锥使其切入底孔,当切入 1～2 圈时,再仔细观察和校正丝锥位置,一般在切入 3～4 圈螺纹时,丝锥的位置应正确,这时应停止对丝锥施加压力,只须平稳地转动铰杠攻螺纹即可,如图 2-6 所示。

4) 扳转铰杠要两手用力平衡,切忌用力过猛和左右晃动,防止牙型撕裂和螺孔扩大。

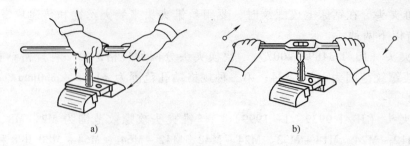

图 2-6 起攻方法
a) 开始攻螺纹 b) 切入 3~4 圈后

5）攻螺纹时，每扳转铰杠 1/2~1 圈，就应倒转 1/2 圈，使切屑断后容易排除。对塑性材料，攻螺纹时应经常保持足够的切削液。攻不通孔螺纹时，要经常退出丝锥，清除孔中的切屑，尤其当将要攻到孔底时，更应及时清除切屑，以免丝锥被轧住。攻通孔螺纹时，丝锥校准部分不应全部攻出头，否则会扩大或损坏孔口螺纹。

6）在攻螺纹过程中，换用另一支丝锥时，应先用手旋入已攻出的螺孔中，直到用手旋不动时，再用铰杠攻螺纹。

7）丝锥退出时，应先用铰杠平稳的反向转动，当能用手直接旋动丝锥时，应停止使用铰杠，以防铰杠带动丝锥退出时产生摇摆和振动，损坏螺纹的表面粗糙度。

（2）机动攻螺纹 机动攻螺纹要保持丝锥与螺孔的同轴度要求。当丝锥即将进入螺纹底孔时，进刀要慢，以防丝锥与螺孔发出撞击。在丝锥切削部分开始攻螺纹时，应在钻床进刀手柄上施加均匀的压力，帮助丝锥切入工件，当切削部分全部切入工件时，应立即停止对进刀手柄施加压力，而靠丝锥螺纹自然进给攻螺纹。机攻通孔螺纹时，丝锥的校准部分不能全部攻出头，否则在反转退出丝锥时，会使螺纹产生烂牙。

（3）攻螺纹切削液选择（见表 2-4）

表 2-4 攻螺纹切削液选择

工件材料	切削液
结构钢、合金钢	硫化油；乳化液
耐热钢	60% 硫化油 + 25% 煤油 + 15% 硬脂酸 30% 硫油 + 13% 煤油 + 8% 硬脂酸 + 1% 氯化钡 + 45% 水 硫化油 + 15% ~ 20% 四氯化碳
灰铸铁	75% 煤油 + 25% 植物油；乳化液；煤油
铜合金	煤油 + 矿物油；全系统消耗用油；硫化油
铝及铝合金	85% 煤油 + 15% 亚麻油 50% 煤油 + 50% 全系统消耗用油 煤油；松节油；极压乳化液

4. 攻螺纹中常出现的问题及产生原因

（1）螺纹孔倾斜 主要是初攻时歪斜没有及时纠正或旋转铰杠用力不平稳。当丝锥切削时，时紧时松，说明丝锥已经歪斜。

（2）螺纹乱牙 攻螺纹时，丝锥摆动太大造成孔口乱牙；底孔过小，切削液选用不当或没用切削液，不进行断屑造成切屑堵塞；用中锥和底锥时没有旋正，就强行攻入或从孔两头对接攻入等，都会产生乱牙现象。

(3) 螺纹滑牙 攻不通孔时，丝锥攻到底时螺纹压力过大，或切削速度太快都容易使已切削出的螺纹被挤掉。

(4) 牙型不完整 牙型不完整主要是底孔过大。

三、套螺纹加工

用板牙在圆杆上切削加工外螺纹的方法称为套螺纹。钳工加工的螺纹多为三角螺纹，作为联接使用。

1. 套螺纹工具

(1) 板牙 板牙是加工或修整外螺纹的标准刀具。它的基本结构像一个螺母，只是钻出几个容屑孔并形成切削刃。板牙结构简单，制造使用方便，在生产中应用广泛。

1) 圆板牙 圆板牙是一种加工普通螺纹的刀具，如图2-7所示。圆板牙的螺纹部分可分为切削部分和校准部分。

板牙的螺纹廓形属内表面，很难磨制，因此校准部分不但后角为零度，而且热处理后的变形缺陷也很难消除，因此板牙的加工精度较低。

板牙的两端是切削部分，一端磨损后可换另一端使用。

2) 管螺纹板牙 管螺纹板牙分55°非密封管螺纹板牙和55°密封管螺纹板牙两种。55°非密封管螺纹板牙的结构与圆板牙相仿，55°密封管螺纹板牙的结构如图2-8所示。

55°密封管螺纹板牙只在单面制成切削部分，因此只能单面套螺纹，而且所有切削刃都参加切削，所以切削力较大。55°密封管螺纹板牙的切削行程长度会影响管螺纹的尺寸，因此在套螺纹时要经常检查测试，只要相配的螺母能旋入就可以了。

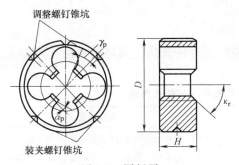

图2-7 圆板牙

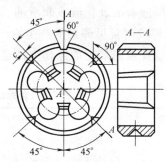

图2-8 55°密封管螺纹板牙

(2) 板牙铰杠

板牙铰杠是手工套螺纹时传递力矩的工具，如图2-9所示。

板牙放入相应规格铰杠的孔内。紧定螺钉将板牙紧固在铰杠孔中，并传递套螺纹时的切削力矩。

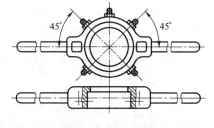

图2-9 板牙铰杠

2. 套螺纹方法

套螺纹可以用手工完成，也可在钻床上利用套螺纹夹具进行。一般情况都采用手工套螺纹。

(1) 圆杆直径的确定 板牙套螺纹与丝锥攻螺纹一样，切削刃对工件材料产生挤压作用。为了延长板牙的使用寿命，提高套制螺纹的精度和减小表面粗糙度，圆杆直径应比螺纹大径小一些。

圆杆直径可用下式计算

$$d_0 = d - 0.13P$$

式中 d_0——圆杆直径,单位为 mm;
   d——螺纹公称直径,单位为 mm;
   P——螺纹螺距,单位为 mm。

(2) 套螺纹的操作方法

1) 套螺纹时切削力矩较大,为了防止圆杆夹持偏斜或夹出痕迹,一般要用厚铜衬作钳口垫,或用 V 形钳口夹持圆杆,而且要使圆杆套螺纹部分尽量靠近钳口,如图 2-10 所示。

2) 起套方法和起攻方法相似,用一只手掌按住铰杠中部,沿圆杆轴线施加压力,并转动板牙铰杠,一只手配合顺向切进。转动要慢,压力要大。

3) 注意保持板牙的端面与圆杆轴线垂直,否则切出的螺纹牙型一面深一面浅,甚至因单面切削太深而不能继续套削。

4) 在板牙切入圆杆 2~3 圈后,再次检查其垂直度误差,如发现歪斜要及时校正。

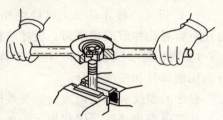

图 2-10 套螺纹操作

5) 当板牙切入圆杆 3~4 圈后,应停止施加轴向压力,让板牙靠螺纹自然引进,以免损坏螺纹和板牙。

6) 在套螺纹过程中也应经常反向旋转,以防切屑过长。

7) 在钢件上套螺纹时要加切削液,以减小螺纹表面粗糙度值和延长板牙的使用寿命。常用的切削液有浓乳化液或润滑油。

3. 套螺纹时常见弊病的产生原因和防止方法

套螺纹要按照规定的操作方法进行,否则容易产生种种弊病。其原因和防止方法见表 2-5。

表 2-5 套螺纹时常见弊病的产生原因和防止方法

弊病形式	产生原因	防止方法
螺纹歪斜	1) 圆杆端面倒角不好,板牙位置难以校正 2) 双手用力不均匀,铰杠歪斜	1) 圆杆端面倒角时,要保持四周一致 2) 两手用力要均匀,并经常检查及时纠正
螺纹牙深不够	1) 圆杆直径太小 2) 板牙 V 形槽调节不当,直径太大	1) 圆杆直径必须限制在规定的范围内 2) 重新调节板牙的 V 形槽,并试切螺纹
螺纹表面粗糙度过大	1) 板牙磨钝 2) 板牙刀齿上积有屑瘤 3) 没有选用合适的切削液 4) 切屑拉伤螺纹表面	1) 更换新板牙 2) 清理积屑瘤 3) 重新选用合适的切削液 4) 经常倒转板牙,折断切屑
烂牙(乱扣)	1) 圆杆直径太大 2) 板牙磨钝 3) 板牙没有经常倒转,切屑堵塞螺纹嘈坏 4) 铰杠掌握不稳,板牙左右摇摆 5) 板牙歪斜太多而强行修正 6) 板牙切削刃上粘有切屑瘤 7) 没有选用合适的切削液	1) 把圆杆加工到合适尺寸 2) 更换新板牙 3) 经常倒转板牙,使切屑折断后容易排出 4) 两手握住铰杠,用力要均匀 5) 板牙端面应与圆杆轴线垂直,并经常检查 6) 用油石进行修磨 7) 重新选用合适的切削液

4）板牙损坏的原因

在套螺纹时，操作不当可能会出现板牙损坏的情况，具体原因见表2-6。

表2-6 板牙损坏的原因

损坏形式	损坏原因
崩牙	1）工件材料硬度太高，或硬度不均匀 2）圆杆直径太大 3）板牙位置不正，单边受力太大或强行纠正 4）两手用力不均或用力过猛 5）板牙没有经常倒转，致使切屑将容屑槽堵塞 6）刀齿磨钝，并粘附有积屑瘤 7）未选用合适的切削液

四、六角体锉削加工

1．六角体锉削方法

（1）六角体加工方法　原则上先加工基准面，再加工平行面、角度面，但为了保证正六边形要求（即对边尺寸相等、120°角度正确及边长相等），加工中还要根据材料的情况而定。

用圆料加工六角体时，先测量圆柱的实际直径，以外圆母线为基准，控制 M 尺寸来保证尺寸 a，加工方法如图2-11所示。

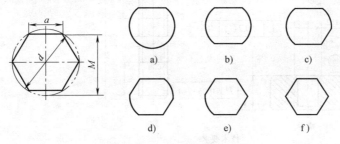

图2-11　圆料加工六角体方法

a）~f）顺序加工6个面

如图2-12所示，六角体加工也可用边长样板来测量。加工时，先加工六角体一组对边，然后同时加工两相邻角度面，用边长样板控制六角体边长相等，最后加工两角度面的平行面。

（2）钢件锉削方法　锉削钢件时，由于切屑容易嵌入锉刀锉齿中而拉伤加工表面，使表面粗糙度增大，因此，锉削时必须经常用钢丝刷或铁片剔除（注意剔除切屑时，应顺着锉刀齿纹方向），如图2-13所示。

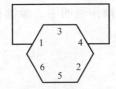

图2-12　边长样板测量

图2-13　清除锉齿内锉屑方法

2．六角体常见的误差分析

表 2-7 所示为六角体加工中出现加工误差的原因分析。

表 2-7 六角体锉削加工常见的误差分析

形 式	产 生 原 因
同一面上两端宽窄不等	1) 锉削面与端面不垂直 2) 来料外圆有锥度
六角体扭曲	各加工面间有扭曲误差存在
六角体边长不等	各加工面尺寸公差没有控制好
120°角度不等	角度测量存在积累误差

任 务 实 施

一、任务分析

教师发放学习说明书,学生接收并研读说明书,确认本技能训练的项目任务为手工制作图 2-14 所示的螺母螺杆,获得合格的单个零件尺寸精度要求及螺母螺杆装配精度要求。

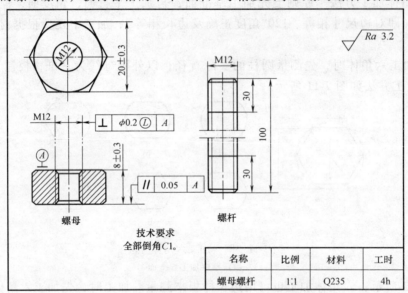

图 2-14 螺母螺杆

二、制订工作计划

通过教师的多媒体授课讲解,理解掌握螺母螺杆的结构特点和加工要求,明确螺母螺杆手工制作的难点,并讨论加工方法,制定小组成员的作业计划。

研读并巩固前面的"理论知识"部分内容,掌握基础知识及基本要领。

讨论并明确将需要的材料和工具,结合教师发放的学习操作说明书,编制材料和工具清单。

考评观测点:

- 小组工作计划　　　　　(★★★□　★★□　★□)
- 材料和工具清单　　　　(★★★□　★★□　★□)

三、设计工艺方案

讨论加工工艺路线,并编制工艺顺序卡(自行编制),反复检查后上交教师审核并确认。

该操作路线可参考下列路线:

1. 螺母加工

1)检查工件尺寸。

2)加工螺母基准面。

3)按六角体加工方法,加工螺母外形至尺寸要求。

4)划线,打样冲并计算底孔孔径,钻削底孔。

5)攻螺纹底孔孔口倒角。

6)攻螺纹。

2. 螺杆加工

1)检查原料尺寸。

2)加工圆杆两端直径。

3)两端圆杆倒角。

4)套螺纹加工。

考评观测点:

工艺顺序卡　　　　　　(★★★□　★★□　★□)

四、加工螺母、螺杆

以小组为单位根据制定的加工流程进行协同作业,小组之间注意分工合作,同时接受教师的监控和指导,关注教师的示范。

各零件的加工方法如下(供参考):

1. 螺母加工

(1)备料并检查坯料尺寸　切割 Q235 钢棒 $\phi 28\text{mm} \times 10\text{mm}$,作为螺母加工原材料。

(2)按六角体加工方法,依次加工外六角体,达到形位、尺寸要求。基本步骤如下:

1)粗、精锉六角体第一面(基准面),达到平行度 0.05mm、表面粗糙度 $Ra3.2\mu m$ 等要求,同时保证圆柱母线至锉削面的尺寸 M,即 $\{20 + [(d-20)/2 \pm 0.06]\}$ mm。尺寸 M,d 参考图 2-11。

2)粗、精锉第一面的对面,以第一面为基准,划出 20mm 加工线,然后再锉削,达到图样要求。

3)粗、精锉第三面,同时保证 M 尺寸、平面度、120°倾斜度及表面粗糙度等要求。

4)粗、精锉第三面的对面。以第三面为基准,划出 20mm 加工线,然后再锉削,达到图样要求。

5)粗、精锉第五面,同时保证 M 尺寸、平面度、平行度、120°倾斜度及表面粗糙度等要求。

6)全部精度复检,并做必要的修整,锐边去毛刺、倒钝。

(3)划线,打好底孔样冲并计算底孔孔径。

(4)根据所计算底孔直径选用钻头并钻削底孔,必须保证底孔与底面的垂直度。

(5) 攻螺纹底孔孔口倒角。

(6) 攻 M12 螺纹，并用相应的螺钉进行配检。

(7) 去毛刺，作好标记。

(8) 六角螺母加工方法及要领

1) 六角加工要领参照六角锉削。

2) 钻螺纹底孔时，装夹要正确，保证孔中心线与六角端面的垂直度。

3) 螺纹底孔的孔口要倒角，通孔两端都要倒角，倒角处直径可略大于螺孔大径，这样可使开始切削时容易切入，并可防止孔口出现挤压出的凸边。

4) 工件装夹位置要正确，尽量使螺孔中心线处于水平或垂直位置，攻螺纹时容易判断丝锥轴线是否垂直于工件平面。

5) 用初锥或头锥起攻时，尽量把丝锥放正，一手用手掌按住铰杠中部，沿丝锥轴线加压，另一手配合转动铰杠，或两手握住铰杠两端均匀施加压力，并使丝锥顺向旋进，保证丝锥中心线与孔中心线重合。在丝锥攻入 1~2 圈后，应及时从前后、左右方向用 90°角尺检查垂直度，如图 2-15 所示。

6) 由于材料较厚，又是钢料，因此攻螺纹时，要加切削液，并经常倒转排屑。

7) 切削时，铰杠不需要再加压力。为了避免切屑过长而咬死丝锥，攻螺纹时铰杠每转动 1/2~1 圈，就应倒转 1/2 圈，使切屑碎断后容易排出；

2. 螺杆加工

1) 备料并检查原料尺寸。

2) 加工圆杆两端直径 φ11.8×30。

3) 两端圆杆倒角。为了便于切入工件材料，圆杆端部应倒成 15°~20°的锥角，锥体的最小直径要小于螺纹小径，避免螺纹端出现锋口和卷边。

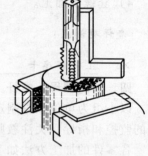

图 2-15 用角尺检查丝锥垂直度

4) 套螺纹加工。为防止将螺杆夹持偏歪或夹出痕迹，可用厚铜片作为钳口垫。圆杆套螺纹部分伸出尽量短，呈铅垂方向放置。切入 2~3 牙后及时检查垂直度误差，发现歪斜及时校正。

5) 去毛刺，作标记。

五、产品质量检验

在教师的监督下，小组内按图测量螺母螺杆的所有尺寸，并填写产品质量检测卡。小组之间再相互交换，先分别检测螺母和螺杆的尺寸，再检查螺母螺杆的配合垂直度，并填写产品质量检测卡。

考评观测点：

产品质量检测卡　　　　　（★★★□　★★□　★□）

六、考核评价

教师或专家根据前述考评观测点的成绩，以及学生的实训报告，给学生客观评价，并提出发展性的建议。

考评观测点：

📖 实训报告　　　（★★★□　★★□　★□）
📖 一生一卡　　　（★★★□　★★□　★□）

拓 展 练 习

1. 图 2-16 为一典型六角螺母，试编制其加工工艺路线。

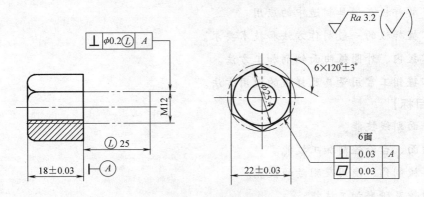

图 2-16　六角螺母

2. 攻不通孔螺纹为什么不能攻到底？怎样确定孔深？
3. 攻螺纹、套螺纹时为什么要倒角？
4. 攻 M16 螺母和套 M16 螺栓时，底孔直径和螺杆直径是否相同？为什么？
5. 攻螺纹时为什么要经常反转？
6. 有一铸铁件需要攻 M16 深 30 mm 的螺纹，螺距为 2 mm，用多大钻头钻孔？盲孔应钻多深？
7. 在 Q235-A 棒料上套螺距为 1.75 的螺纹时，试问棒料直径多大？

项目三　样板制作

【知识目标】
◇ 掌握样板的种类。
◇ 了解样板在模具制造中的应用。
◇ 掌握样板的一般制作方法和技术要求。
◇ 掌握内、外圆弧曲面锉削加工方法。
◇ 掌握钳工常用量具及样板的使用方法。

【能力目标】
◇ 平面划线技能。
◇ 曲面、台阶锉削加工技能。
◇ 样板制作、使用及测量的技能。
◇ 精锉及研磨加工技能。
◇ 孔加工技能。
◇ 具备正确使用常用钳工测量工具的技能。
◇ 具备编写一般工件钳工加工工艺顺序的能力。
◇ 熟练掌握样板制作、测量及使用能力。
◇ 提高零件图的识读能力和基准判断能力。
◇ 具备正确使用常用钳工测量工具的能力。
◇ 具备解决钳工操作过程中技术问题的能力。

理 论 知 识

一、样板的种类及其使用

1. 样板的种类

样板是检查确定工件尺寸、形状或位置的一种专用量用。样板的种类，按其使用范围可分为标准样板和专用样板两大类。

（1）标准样板　只用来测量和检验工件的标准化部分的形状和尺寸，如螺纹样板（螺矩规）、半径样板（半径规）。

（2）专用样板　根据加工和装配要求专门制造的样板，按用途不同，可分为以下几种：

1）划线样板　用于复杂工件的划线。

2）工作样板（测量样板）　用于检验工件表面轮廓形状和尺寸。

3）校对样板　用于检验工作样板形状和尺寸的高精度样板，其工作轮廓形状与工作样板相反。

4）辅助样板（分型样板）　用于检验工作样板局部形状和尺寸的高精度样板。

2. 样板的使用方法及使用规则

（1）样板的使用方法

1）复合检查 将样板复合在工件平面上，按样板轮廓形状对工件轮廓形状进行检查。复合检查的测量精度较低，一般用于毛坯的检查。

2）拼合检查 使用时，将样板的测量面与工件被测量的表面相吻合，然后用光隙法确定光缝的大小及漏光的均匀性，拼合检查一般能达到较高的测量精度。

（2）样板的使用规则

1）样板在使用前必须擦拭干净，无油污和尘垢。

2）不能用精密样板测量毛坯。

3）机床开动或工件未停稳时，不能用样板进行测量，以防将样板测量面磨损。

4）测量时，样板要轻拿轻放，不能在被测工件上来回摩擦，以防样板过早磨损和变形。

5）样板使用后要擦拭干净，并涂上防锈油妥善保管。

二、样板在模具制造中的应用

在制造具有复杂平面曲线或立体曲面的零件时，样板是必不可少的量具，它常应用于下列场合：

1. 用样板来划线

对一些形状复杂的工件，或者多个形状复杂的相同型腔，用常规划线是难以直接划出的，常采用样板划线，以达到划线方便和多个型腔的形状相一致的目的。如模具的分型面为曲面，当采用常规划线方法划出曲面分型面较困难时，可制作一对对开样板来划出上、下模的分型面形状。采用样板划线既准确又方便。

图 3-1 所示为电吹风壳体，它是由两个半只壳体拼合而成，要求对排后，外形轮廓无高低现象。由于壳体外形是由很多圆弧联接而成，若采用常规划线方法，要达到两副模具型腔外形轮廓相一致，那就比较困难。如采用如图 3-2 所示的定位样板划线，并以该样板来确定电极与模坯的相对位置进行型腔的电火花加工，就可保证型腔轮廓的一致性。

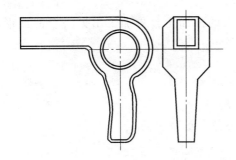

图 3-1 电吹风壳体图

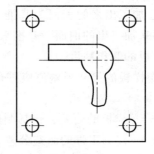

图 3-2 型腔定位样板

再如对于某些复杂的立体曲面，其拉深成形模的凸模外轮廓、压边圈的内轮廓、顶件块的外轮廓和凹模内轮廓的划线，就需根据工件主模型的有关轮廓形状的投影样板来确定，否则，划线就没有依据。

2. 用工作样板来检测模具工件的形状和尺寸

样板的优点之一，在于检测方便，不需要专用设备、检测效率高，能很快地得到检测结果和判断是否合格。因此，常用样板来检测形状复杂且难以用万能量具测量的工件。

例如，加工断面为异形的拉深凸模和凹模时，先做出检验凸模外轮廓的样板，它的尺寸按照凸模的最大极限尺寸制造，作为检验规的过端来使用，如果凸模不能通过，凸模尺寸就大了。同理，凹模型腔的轮廓样板，它的尺寸按照型腔轮廓的最小极限尺小制造，如果样板通不过，那么凹模就小了。

3. 按样板精加工模具型芯和型腔

在加工具有空间曲面的型腔（或型芯、成形电极）时，通常是按模具型腔轮廓和各部位的断面尺寸制作样板，再用这些样板来校对和修正加工好的型腔。型腔形状越复杂，其断面样板就越多。

如加工图 3-3 所示的型腔，对于型腔圆弧形状部分，要先根据图样制成以模具端面为基准的圆弧凸样板和凹样板，凸样板用于型腔加工，凹样板用于磨削样板刀。在车削圆弧形状过程中，用凸样板经常校对圆弧形状，最后用样板刀整形。

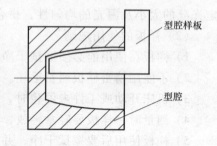

图 3-3　型腔与型腔样板

三、样板的制造方法和技术要求

1. 样板制作方法

1) 手工加工方法　这种方法主要是由模具钳工用手工制作。
2) 机械切削加工方法　这种方法主要是使用精密磨床、成形磨床和各种特殊夹具加工。
3) 电加工方法　这种方法主要是使用电火花、线切割机床按指令程序加工。

2. 样板制作的技术要求

(1) 样板的基准　为保证按样板加工出来的工件形状正确，应合理选择样板的基准。通常样板采用的基准有以下几种形式：

1) 以样板中心十字线为基准。
2) 以两个相互垂直的面为基准。
3) 以平面和中心线为基准。
4) 以已加工出来的表面为基准。如在已加工出的曲面上，再加工出另一个曲面形状，则可以以原来加工出的曲面为基准来制作样板。

(2) 样板的制作精度

1) 工作样板的尺寸公差值应符合下式要求

$$\delta_{样板} \leqslant \delta_{工件} - \delta_{测量}$$

式中　$\delta_{样板}$——样板的公差，包括制造公差和磨损公差，单位为 mm；

$\delta_{工件}$——被测工件的制造公差，单位为 mm；

$\delta_{测量}$——样板测量的最大可能公差，单位为 mm，$\delta_{测量} = S_{最大} - S_{最小}$；

$S_{最大}$、$S_{最小}$——样板与工件间最大和最小允许间隙，单位为 mm。

2) 要求较高的配对使用的样板，共轮廓要吻合，应用"灯箱"透光检查，要求透光均匀或不透光。
3) 具有对称轴的样板必须能翻对中心。
4) 尽量采用机械加工方法或线切割机床制作样板，提高样板制作精度。
5) 样板的测量面应与样板的大平面严格垂直。

6）样板测量面的表面粗糙度 Ra 值应小于 $0.8\mu m$。

（3）样板的材料和标记。

1）样板材料要硬度适中，表面平整光洁，模具工作样板一般采用 Q235 冷轧钢板。厚度为 1～3mm。样板用料应矫平磨光后使用，以便使划线清晰、准确。

2）样板标记要清晰，套数符合要求。

四、曲面锉削方法

1. 外圆锉削

锉削外圆弧面所用的锉刀都为扁锉，锉削时锉刀要同时完成 2 个运动：前进运动和锉刀绕工件圆弧中心转动，如图 3-4 所示。其方法有两种：

1）顺着圆弧面锉，如图 3-4a 所示。锉削时，锉刀向前，右手下压，左手随着上提。这种锉削方法能使圆弧面光洁圆滑，但锉削位置不易掌握且效率不高，故适用于精锉圆弧面。

2）对着圆弧面锉，如图 3-4b 所示。锉削时，锉刀作直线运动，并不断随圆弧面摆动。这种方法锉削效率高且便于按划线均匀锉近弧线，但只能锉成近似圆弧面的多棱形面，故适用于圆弧面的粗加工。

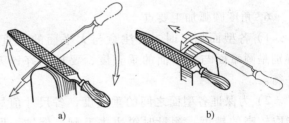

图 3-4 外圆弧面锉削
a）顺着圆弧面锉削 b）对着圆弧面锉削

2. 内圆弧面锉削

锉削内圆弧面的锉刀可选用圆锉或半圆锉。锉削时锉刀要同时完成 3 个运动，如图 3-5 所示，即前进运动，顺着圆弧面向左或向右移动和绕锉刀中心线转动。这样才能保证锉出的弧面光滑、准确。

3. 平面与曲面的连接方法

在一般情况下，应先加工平面，然后加工曲面，便于使曲面与平面圆滑连接。

4. 曲面线轮廓度检查方法

在进行曲面锉削练习时，曲面轮廓度可用曲面样板通过塞尺或透光法进行检查，如图 3-6 所示。

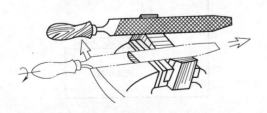

图 3-5 内圆弧面锉削

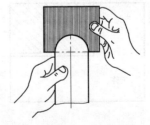

图 3-6 用样板查曲面轮廓度

5. 曲面检测方法

测量曲面一般使用半径规、曲面样板或检验棒进行检测，如图 3-7 所示。

使用半径规和样板，应垂直于曲面测量。检验棒是按曲面半径要求制成，通过与曲面比较或用显示剂对研检查曲面误差。

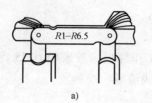 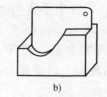 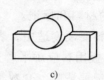

图 3-7 曲面测量方法

a）半径规测量 b）样板测量 c）检验棒测量

锉削曲面时，要保证曲面本身形状正确，还要保证曲面与相关面的要求，如图 3-8 所示。

6. 角度圆弧加工要点

1）各型面加工时，要注意与大平面的垂直度，特别是圆弧面与大平面的垂直度，要控制好锉刀的平衡。

2）为保证各型面之间的垂直度，各尺寸值尽可能取较高的精度。测量时锐边去毛刺、倒钝、保证测量的准确性。

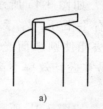 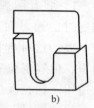

图 3-8 曲面与邻面的关系

a）曲面与端面垂直要求
b）曲面与槽侧面和槽端面要求

3）圆弧加工时要注意与平面连接圆滑。一般先加工平面，再加工圆弧，但圆弧锉削时，锉刀转动要防止端部塌角或碰坏平面。

4）锉削表面较小的工件时，锉刀横向用力要控制好，避免局部塌角。精锉时要勤测量、多观察、多分析。

5）90°直角处允许锯削 1mm×1mm×45°沉割槽。

五、内直角面锉削

1. 内直角排料

内直角排料可以采用锯削排除余料，锯削时必须为下一道工序留 0.5~1mm 加工余量，如图 3-9 所示。

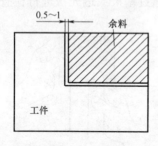 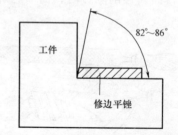

图 3-9 锯削排料　　　　图 3-10 锉削内直角面

2. 锉削内直角面

先粗锉内直角平面，留 0.1~0.2mm 为精锉余量。精锉内直角平面时，使用修边锉锉削内直角平面，同时对内直角清根，如图 3-10 所示。锉削时，锉刀的光面对着已加工表面，锉刀应端平稳，防止左右和前后摆动。

3. 测量内直角面垂直度

先锉削好一个较宽大的内直角面作为测量基准面，保证该面与工件外形基准的尺寸精度和形位精度及表面粗糙度。把刀口90°角尺的外直角基准面紧贴在工件内直角基准面上，通过透光检验法测量内角另一个面的垂直度，如图3-11所示。

4. 锉刀的修磨

为了获得内棱倾角，防止锉刀在锉削时碰坏相邻面，锉刀的一侧棱边必须修磨至略小于90°。锉削时，修磨边紧靠内棱角进行直锉。

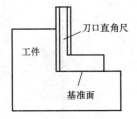

图3-11 测量内直角垂直度

5. 内直角锉削加工要点

1）台阶锉削是锉削基本练习的后期，故必须达到锉削姿势动作的完全正确，不正确的姿势动作要全部纠正。

2）为保证加工表面光洁，锉削时要经常清除嵌入锉刀齿纹内的锉屑，并在锉刀齿面上涂上粉笔灰。

3）粗、精锉的加工余量要控制好。由于锉面较小，最后精锉时，锉刀的行程要短，也可利用锉刀梢部的凸弧形，使工件锉平。倾角处允许用锯锯出沉割槽。

4）各台阶面之间的垂直度，一般通过控制各尺寸的平行度来间接保证，因此外形加工必须正确。

5）锉削时要防止加工片面性。不能为了取得平面度而影响尺寸精度，或为了锉对尺寸而忽略平面度、平行度等，或为了减小表面粗糙度而忽略了其他。在加工时要顾及全部精度要求。

6）台阶直角处允许锯削 1mm×1mm×45°沉割槽。

任 务 实 施

一、任务分析

教师发放学习说明书，学生接收并研读说明书，确认本技能训练的项目任务为手工制作如图3-12所示的样板零件，明确其加工任务和要求。在老师的指导下，完成该样板的钳工制作，并获得合格的精度要求。

在此样板中，R15的圆弧面和中心两直角面为工作测量面，必须保证较高的尺寸精度和表面精度要求。

二、制订工作计划

通过教师对该零件形状、尺寸的讲解，理解掌握样板的结构特点和初步加工方法，明确样板钳工制作的难点，并讨论加工方法，制定小组成员的作业计划。

研读并巩固前面的"理论知识"部分内容，掌握样板的制作技术要求、内直角锉削、曲面锉削等基础知识。

讨论并明确将需要的材料和工具，结合教师发放的学习操作说明书，编制材料和工具清单。

考评观测点：

　　小组工作计划　　　　　　（★★★□　★★□　★□）

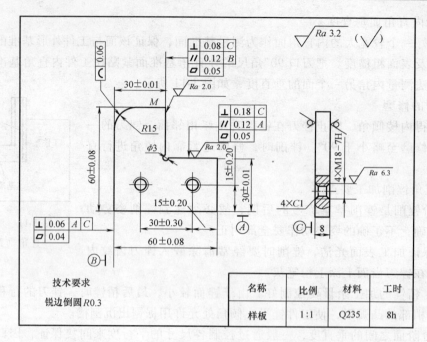

图 3-12 样板

✎ 工艺顺序卡　　　　　　　（★★★□　★★□　★□）

✎ 材料和工具清单　　　　　（★★★□　★★□　★□）

三、设计工艺方案

讨论加工工艺路线，并编制工艺顺序卡（自行编制），反复审核后上交教师审核并确认。该操作路线可参考下列路线：

（1）毛坯准备。

（2）基准面加工。

（3）划线。

（4）中心孔及螺纹孔加工。

（5）型面粗加工。

（6）型面精加工。

（7）研磨加工

（8）去毛刺及检验

✋ 考评观测点：

✎ 工艺顺序卡　　　　　　　（★★★□　★★□　★□）

四、样板制作

以小组为单位根据制定的加工流程进行协同作业，小组之间注意分工合作，同时接受教师的监控和指导，关注教师的示范。

各零件的加工步骤和方法如下（供参考）：

1. 准备工作

（1）分析零件图　通过分析图 3-12 所示的零件图了解样板的形状、尺寸、精度要求，明确加工任务。

(2) 准备并清点所需工具　按照零件图上样板的形状，对照实训项目卡，将所需工具领出，并进行清点，发现问题及时报告并更换。

2. 下料

(1) 剪切板料　用剪板机或电动剪切机切裁板料（本样板尺寸不大，可用手工锯削）。下料时要求按样板最大的长、宽尺寸留有足够的加工余量。

(2) 矫正板料　在矫正平板上将板料矫平。

(3) 磨平样板两平面（C基准面）　在平面磨床上进行磨削，以便于划线。

3. 划线

(1) 划线基准的选择和位置确定　平面划线基准一般可根据以下3种类型选择：

1) 以两个互相垂直的平面（或线）为基准。

2) 以两条中心线为基准。

3) 以一个平面和一条中心线为基准。

本样板可选择右边和底边两相邻垂直面为划线基准（即A基准面和B基准面）。

(2) 加工样板的基准面　锉削样板两相邻侧面成90°，作为划线和测量的基准。

(3) 划线工件表面清理及涂色　常用涂色的涂料有石灰水和酒精色溶液。石灰水用于铸锻件毛坯的涂色。酒精色溶液是由质量分数2%~4%的龙胆紫、3%~5%的虫胶和91%~95%的酒精配制而成的，主要用于已加工表面的涂色。

(4) 划线　划出样板的全部外轮廓及中心孔和螺纹孔的中心位置。为了便于检查，划线时应将圆弧的中心线同时划出。

(5) 检查　详细对照图样检查划线的准确性，看是否有遗漏的地方。

4. 中心孔及螺纹孔加工

(1) 打样冲眼　在加工线条上用样冲将直角中心孔及两螺纹孔的中心打出样冲眼。

(2) 钻孔加工　按照样板图样的要求，选用相应规格的麻花钻在台钻上完成直角中心孔和两个螺纹底钻孔。

(3) 样板攻螺纹加工　先对两个螺纹底孔孔口倒角，依次攻制螺纹，并用相应的螺钉进行配检。

5. 粗加工外轮廓

(1) 根据工件的划线进行样板外轮廓锯削　先锯削两直角边，注意起锯方法和起锯角度是否正确，以免一开始锯削就造成废品和锯条损坏；要随时注意锯缝的平直情况，并及时借正。

再锯削圆弧的相切直边，为了减少锉削余量，可将圆弧角锯削去除，（先划好圆弧的相切直线作为锯削参照线）。

(2) 样板外轮廓锉削加工　分别用大小合适的平锉和圆弧锉对两直角边和圆弧进行粗锉加工，周围留出0.2~0.5mm的加工余量。

6. 精加工测量面

用整形锉锉光样板的直角边和圆弧测量面，应留有研磨余量。

7. 研磨测量面

用研具或油石研磨样板测量面，使测量面的尺寸和表面粗糙度达到技术要求。

手工制作的样板在热处理以后（用于单件生产的模具样板，一般不淬火。对于需淬火的样板，经淬火、回火和时效处理后，须矫平、精磨样板两平面，以消除变形，待表面发蓝处理后再研磨样板测量面），要用各种不同的研具来研磨。研具

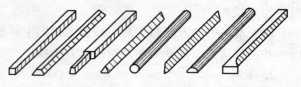

图 3-13　可动型研具

一般用生铁制成。按其结构分为可动型和不可动型两类。可动型研具在研磨时，样板固定不动，研具在样板型面移动。可动型研具的形状不一定要与样板的型面完全一致。几种常用的可动型研具如图 3-13 所示。不可动型研具在研磨过程中，研具固定不动，样板在研具表面来回移动。不可动型研具的形状要与样板型面的一部分或全部形状相对应。不可动形研具如图 3-14 所示。

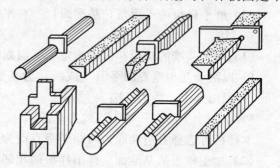

在用不可动型研具研磨时，由于样板厚度一般较薄，为保证在研磨后样板型面的正

图 3-14　不可动型研具

确，所以通常都将研具与样板放在平板上进行对研，如图 3-15 所示。

有时也可能在研磨过程中，样板和研具都要运动，例如在钻床上研磨样板凹圆弧时，研具作旋转运动，样板沿研具表面作上下直线运动，如图 3-16 所示。

8. 样板的检验

样板在加工过程中和加工完毕后，都需要进行检验，以确定样板是否符合要求，或确定需要修正之处。

（1）样板检验的方法　按使用工具可分以下 3 种：

1）用万能量具检验　这是比较

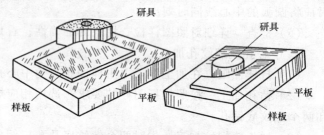

图 3-15　在平板上研磨样板

简单而测量精度又较高的一种方法。它适用于测量规则形状的一些尺寸。常用的量具有正弦规、千分表、量块、角度量块、刀刃检查尺和各种辅助用的量棒。

2）用光学测量仪检验　光学测量仪具有较高的检验准确度，用于检验测量面形状特别复杂、面精度要求特别高的样板。常用的光学测量仪有万能工具显微镜和投影仪。

工具显微镜可以利用直角坐标和极坐标来测量样板上的角度，点与点之间、线与线之间以及点与线之间的距离。

当样板形状复杂、尺寸较小，而且精度要求又高，利用其他方法无法检验时，可以使用投影仪进行检验。根据放大了的工件轮廓影像与预先按相同放大比例绘制好的放大图吻合程度，来判断其准确程度。

3）用校对样板检验　当样板测量面较复杂，用一般万能量具或测量仪检验较困难时，可使用校对样板检验。校对样板的精度和表面粗糙度的要求，必须高于工作样板。

使用校对样板检验常采用光隙法。检验时，将工作样板与校对样板拼合在一起放在灯箱

的玻璃板上，根据二者测量面上各处漏光的均匀程度来判断其准确度。

（2）使用光隙法检验样板应注意的问题 由于光隙法是用肉眼来观察的，因此带有较大的主观性。根据光缝来判断样板尺寸时，必须注意光缝的断面形状、光线强弱和方向以及样板测量面的表面粗糙度对可见光缝的影响。

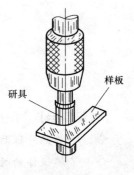

图 3-16 在钻床上研磨样板凹圆弧面

五、样板质量检验

在教师的监督下，小组内按图测量样板的所有尺寸，并填写产品质量检测卡。小组之间再相互交换，先检测样板的尺寸，并填写产品质量检测卡。

考评观测点：

　　产品质量检测卡　　　　（★★★□　★★□　★□）

六、考核评价

教师或专家根据前述考评观测点的成绩，以及学生的实训报告，给学生客观评价，并提出发展性的建议。

考评观测点：

　　实训报告　　　　　　　（★★★□　★★□　★□）
　　一生一卡　　　　　　　（★★★□　★★□　★□）

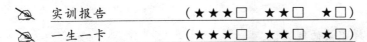

拓 展 练 习

图 3-17 为一对双凸形镶配样板，试编制钳工加工工艺路线卡。

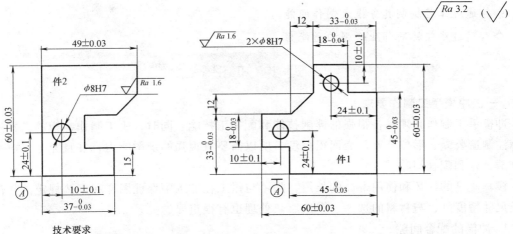

技术要求
1. 配合互换间隙不大于0.04
2. 件1、件2配合后，侧面直线度误差不大于0.05

图 3-17 双凸形镶配件

项目四　冲压模的手工制作

【知识目标】
- 了解热处理后的材料特性。
- 了解锻件的性能。
- 掌握二类样板的制作方法及应用。
- 理解简单模具结构特点。
- 理解模具配合加工的形位公差要求。

【能力目标】
- 平面划线技能。
- 锉削加工技能。
- 样板制作技能。
- 配合加工技能。
- 模具零件研磨与抛光技能。
- 运用样板检测的技能。
- 具备简单模具结构图样识读的能力。
- 具有未注公差时的模具精度确定的能力。
- 具有根据图样确定冲裁间隙的能力。
- 根据刃口形状设计二类样板的能力。
- 通过工艺编制具备报表制作的能力。
- 通过小组协同作业增强沟通能力。

理 论 知 识

一、冲模手工制作要求

冲模手工制作必须具备很强的锉削技能和配加工技能。同时，手工制作冲模的图样通常不标注制造公差、形位公差及表面粗糙度，所以需要有很强的识图能力，并且充分了解冲模的制造公差和配合间隙。

模具质量的好坏和使用寿命的长短，除了与钳工在加工中保证图样和工艺规定的几何形状及尺寸精度外，与材料的选择、锻造、热处理也有很重要的关系。

1. 冲模的配合间隙

冲模的制造公差和配合间隙是这样标注的：冲压产品的落料尺寸是由落料凹模保证，所以制造公差标注在凹模上，在凸模上只标注与凹模的配合间隙。冲压产品的冲孔尺寸（不论什么样的形状）是由凸模保证的，所以制造公差标注在凸模上，在凹模上只标注与凸模的配合间隙。

在冲模精加工中，钳工都习惯按名义尺寸先加工凸模，然后以凸模去配加工凹模。凹模热处理后会收缩，收缩量足够用磨石精加工的余量，可以保证制造公差。

对于落料冲模来说，凸模热处理后，按凹模研配精加工，以保证与凹模的配合间隙。

对冲孔模来说则是保证凸模的制造公差，凹模按凸模配加工，保证配合间隙。

冲模的配加工中，配合间隙很重要，间隙过小会影响冲模使用寿命，间隙过大会使冲压件产生毛刺。故冲模的配合间隙必须保证符合图样的规定要求。

2. 冲模的精加工

在冲模精加工示意图中，只标注钳工精加工的相关尺寸，而没有标注制造公差、配合间隙。但在冲模精加工中，不仅必须保证图样所规定的制造公差、形位公差、配合间隙等，而且所加工的工作表面的平行度、与侧面的垂直度和几何形状等也都必须保证。

二、二类样板的设计

在模具手工制作中，经常遇到模具的形状用通用量具检测不了，必须采用样板检测方法进行检测，才能保证加工质量。这种样板称为检测样板，也称二类样板。如图4-1所示的凹模，如果不制作二类样板，精加工时就无法检测。

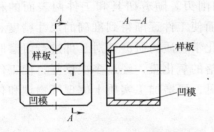

图4-1 凹模与样板

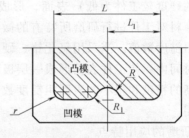

图4-2 凸模和凹模

在制作二类样板前，必须进行样板的设计，一般遵循以下两个原则：

1）根据模具尺寸和形状设计样板。样板设计应与模具的尺寸和形状相同，对板应与样板的尺寸和形状相同，无需标注制造公差。

2）根据模具确定样板的精加工步骤。图4-2所示为凸模和凹模示意图，凸模和凹模样板的设计，保证可以检测凸模和凹模 R、$R1$，以及 r、$L1$ 尺寸。

从图4-2中可看出精加工工艺步骤，首先加工 R 和 $R1$，然后以它为基准，精加工 r，保证尺寸 $L1$。根据这个精加工步骤，设计图4-3所示的样板，用来检测凸、凹模的 R 和 $R1$。

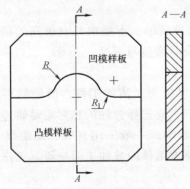

图4-3 凸模和凹模的样板Ⅰ

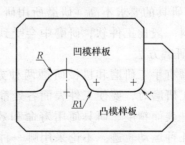

图4-4 凸模和凹模的样板Ⅱ

图 4-4 所示样板是用来检测凸模和凹模 r 及尺寸 $L1$。检测 r 必须以 R 和 $R1$ 为基准，保证两边尺寸 $L1$ 的对称度。

三、模具零件的研磨

模具的研磨与抛光是以降低工件表面粗糙度，提高表面形状精度和增加表面光泽为主要目的，属光整加工，可归为磨削工艺大类。研磨与抛光在工作成形理论上很相似，一般用于产品、工件的最终加工。

对冲压模具来讲，模具经研磨与抛光后，改善了模具的表面粗糙度，利于板料的流动，减小流动阻力，极大地提高了成形零件的表面质量，特别是对于汽车外覆盖件尤为明显。经研磨刃口后的冲裁模具，可消除模具刃口的磨削伤痕，使冲裁件毛刺大量减少。

研磨是一种微量加工的工艺方法，研磨借助于研具与研磨剂（一种游离的磨料），在工件的被加工表面和研具之间上产生相对运动，并施以一定的压力，从工件上去除微小的表面凸起层，以获得很低的表面粗糙度和很高的尺寸精度、几何形状精度等。

1. 研磨原理

研磨时，介于研具（研磨工具）与工件之间的磨料，在压力作用下嵌入研具（一般研具材料的硬度较工件为低）表面，形成无数的小切削刃。随着研具和工件两表面的相对运动，使磨料对工件进行研磨所特有的微量切削，从而使工件逐渐得到准确的尺寸精度和较小的表面粗糙度数值。当采用氧化铬、硬脂酸或其它化学物质为研磨剂对工件进行研磨时，可以在短时间内，使工件表面形成一层极薄而易于脱落的氧化膜，经过多次反复，使工件表面获得较高的精度和很小的表面粗糙度数值。由此可见，研磨加工实质上体现了物理和化学的综合作用。

2. 研磨的应用特点

1）表面粗糙度低　研磨属于微量进给磨削，切削深度小，有利于降低工件表面粗糙度值。加工表面粗糙度可达 $Ra0.01\mu m$。

2）尺寸精度高　研磨采用极细的微粉磨料，机床、研具和工件处于弹性浮动工作状态，在低速、低压作用下，逐次磨去被加工表面的凸峰点，加工精度可达 $0.1\mu m \sim 0.01\mu m$。

3）形状精度高　研磨时，工件基本处于自由状态，受力均匀，运动平稳，且运动精度不影响形位精度。加工圆柱体的圆柱度可达 $0.1\mu m$。

4）改善工件表面力学性能　研磨的切削热量小，工件变形小，变质层薄，表面不会出现微裂纹。同时能降低表面磨擦系数，提高耐磨和耐腐蚀性。研磨工件表层存在残余压应力，这种应力有利于提高工件表面的抗疲劳强度。

5）研具的要求不高　研磨所用研具与设备一般比较简单，不要求具有极高的精度，但研具材料一般比工件软，研磨中会受到磨损，应注意及时修整与更换。

3. 研磨方法

研磨有手工研磨和机械研磨两种方法。对表面要求极为光洁的工件，研磨后再进行抛光。手工研磨时，要使工件表面各处都受到均匀的切削，应选择合理的相对运动轨迹，这对提高工件表面精度、研具使用寿命和效率都有直接的影响。一般采用直线、螺旋线和"8"字形等几种运动轨迹。不论采用哪一种轨迹研磨，均要求工件的被加工面与研具工作面作密合的相对运动。

（1）平面研磨　这种方法一般是把工件放在表面非常平整的平板（研具）上进行的。

平板分有槽的和光滑的两种。粗研磨在有槽的平板上进行，精研磨则在光滑的平板上进行。

研磨前，先用煤油把平板的工作表面清洗擦干，再在平板上涂上适量的研磨剂，然后把工件所需研磨的表面压在平板上，沿平板以"8"字形轨迹研磨，同时不断改变工件的运动方向。

在研磨过程中，研磨压力和速度对研磨效果有很大影响。一般粗研时，或研磨较小工件时，可用较大的压力和较低的速度；精研时，或研磨较大工件时，则宜用较小的压力和较快的速度。研磨中，应防止工件发热。一旦稍有发热，应立即暂停研磨。否则，会使工件变形。

（2）圆柱面的研磨　圆柱面研磨的方法有手工研磨和机床配合手工研磨两种，通常以后者居多。

1）外圆柱面研磨　研磨外圆柱面一般在车床上或钻床上进行。先把工件装夹在车床或钻床上，工件外圆柱表面涂一层薄而均匀的研磨剂，装上研套（即研具），调整好研磨间隙，开动机床，手握住研套，通过工件旋转运动和研套在工件上沿轴线方向作往复运动进行研磨。工件旋转的速度，一般为 50～100r/min，直径大，取低转速；直径小，取高转速。研套往复运动的速度，以在工件表面研磨出来的网纹成45°适当。

2）内圆柱面研磨　它与外圆柱面的研磨相反，是将研磨棒（研具）装夹在车床上，并涂上一层薄而均匀的研磨剂，把工件套上，开动车床，手握工件在研磨棒全长上作往复移动。研磨棒工作部分的长度，一般以工件研磨长度的 1.5～2 倍为宜，研磨棒与工件内孔的配合，一般以用手推动时不十分费力为宜。研磨时如工件两端有过多的研磨剂被挤出，应及时擦去。否则会使孔口扩大。

（3）圆锥面研磨　它包括圆锥孔和外圆锥面的研磨。其方法与圆柱面的研磨相同，但其所用的研磨棒或研套必须与工件锥度相同。若一对工件是彼此直接接触配合的，可不必用研具，只需在工件上涂上研磨剂，直接进行研磨。如配阀时，阀芯与阀体的研磨，就是以彼此接触表面直接进行研磨的。

4. 研具

研具是研磨剂的载体，使游离的磨粒嵌入研具工作表面发挥切削作用。磨粒磨钝时，由于磨粒自身部分碎裂或结合剂断裂，磨粒从研具上局部或完全脱落，而研具工作面上的磨料不断出现新的切削刃口，或不断露出新的磨粒，使研具在一定时间内能保持切削性能要求。同时研具又是研磨成形的工具，自身具有较高的几何形状精度，并将其按一定的方式传递到工件上。

（1）研具的材料

1）灰铸铁　晶粒细小，具有良好的润滑性；硬度适中，磨耗低；研磨效果好；价廉易得，应用广泛。

2）球墨铸铁　比一般铸铁容易嵌存磨料，可使磨粒嵌入牢固、均匀，同时能增加研具的耐用度，可获得高质量的研磨效果。

3）软钢　韧性较好，强度较高，常用于制作小型研具。如研磨小孔、窄槽等。

4）各种有色金属及合金　如铜、黄铜、青铜、锡、铝、铅锡金等，材质较软，表面容易嵌入磨粒，适宜做软钢类工件的研具。

5）非金属材料　如木、竹、皮革、毛毡、纤维板、塑料、玻璃等。除玻璃以外，其他材料质地较软，磨粒易于嵌入，可获得良好的研磨效果。

（2）研具种类

1) 研磨平板　用于研磨平面，有带槽和无槽两种类型。带槽的用于粗研，无槽的用于精研，模具零件上的小平面，常用自制的小平板进行研磨，如图4-5所示。

2) 研磨环　主要研磨外圆柱表面，如图4-6所示。研磨环的内径比工件的外径大0.025~0.05mm，当研磨环内径磨大时，可通过外径调解螺钉使调节圈的内径缩小。

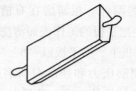
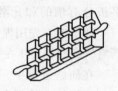

图4-5　研磨平板

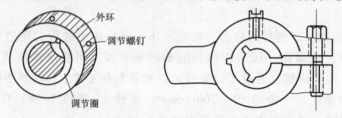

图4-6　研磨环

3) 研磨棒　主要用于圆柱孔的研磨，分固定式和可调式两种，如图4-7所示。固定式研磨棒制造容易，但磨损后无法补偿。固定式研磨棒分有槽的和无槽的两种结构，有槽的用于粗研，无槽的用于精研。当研磨环的内孔和研磨棒的外圆做成圆椎形时，可用于研磨内外圆椎表面。

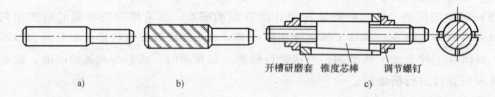

图4-7　研磨棒
a) 固定式无槽研磨棒　b) 固定式有槽研磨棒　c) 可调式研磨棒

四、模具零件的抛光

抛光是利用柔性抛光工具和微细磨料颗粒或其他抛光介质对工件表面进行的修饰加工，用于去除前道工序留下的加工痕迹（如刀痕、磨纹、麻点、毛刺）。抛光不能提高工件的尺寸精度或几何形状精度，而是以得到光滑表面或镜面光泽为目的。有时也用以消除光泽（消光处理）。抛光与研磨的机理是相同的，人们习惯上把使用硬质研具的加工称为研磨，而使用软质研具的加工称为抛光。

按照不同的抛光要求，抛光可分为普通抛光和精密抛光。

1. 抛光工具

抛光除可采用研磨工具外，还有适合快速降低表面粗糙度的专用抛光工具。

（1）油石　用磨料和结合剂等压制烧结而成的条状固结磨具。油石在使用时通常要加油润滑，因而得名。油石一般用于手工修磨零件，也可装夹在机床上进行珩磨和超精加工。油石有人造的和天然的两类，人造油石由于所用磨料不同有两种结构类型，如图4-8所示。

1) 用刚玉或碳化硅磨料和结合剂制成的无基体的油石，按其横断面形状可分为正方形、长方形、三角形、楔形、圆形和半圆形等。

2）用金刚石或立方氮化硼磨料和结合剂制成的有基体的油石，有长方形、三角形和弧形等。天然油石是选用质地细腻又具有研磨和抛光能力的天然石英岩加工成的，适用于手工精密修磨。

(2) 砂纸 砂纸是由氧化铝或碳化硅等磨料与纸粘接而成，主要用于粗抛光，按颗粒大小常用的有400#、600#、800#、1000#等磨料粒度。

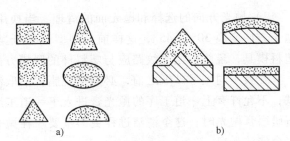

图4-8 油石的分类
a) 无基体的油石 b) 有基体的油石

(3) 研磨抛光膏 研磨抛光膏是由磨料和研磨液组成的，分硬磨料和软磨料两类。硬磨料研磨抛光膏中的磨料有氧化铝、碳化硅、碳化硼和金刚石等，常用的有粒度为200#，240#，W40等的磨粒和微粉；软磨料研磨抛光膏中含有油质活性物质，使用时可用煤油或汽油稀释，主要用于精抛光。

(4) 抛研液 它是用于超精加工的研磨材料，由W0.5～W5粒度的氧化铬和乳化液混合而成。多用于外观要求极高的产品的模具的抛光，如光学镜片模具等。

2. 抛光工艺

(1) 工艺顺序 首先了解被抛光零件的材料和热处理硬度，以及前道工序的加工方法和表面粗糙度情况，检查被抛光表面有无划伤和压痕，明确工件最终的粗糙度要求。并以此为依据，分析确定具体的抛光工序和准备抛光用具及抛光剂等。

1）粗抛 经铣削、电火花成形、磨削等工艺后的表面清洗后，可以选择转速在35000～40000r/min的旋转表面抛光机或超声波研磨机进行抛光。常用的方法是先利用直径φ3mm、WA400#的轮子去除白色电火花层或表面加工痕迹，然后用油石加煤油作为润滑剂或冷却剂手工研磨，再用由粗到细的砂纸逐级进行抛光。对于精磨削的表面，可直接用砂纸进行粗抛光，逐级提高砂纸的号数，直至达到模具表面粗糙度的要求。一般的使用顺序为180#→240#→320#→400#→600#→800 #→1000#。许多模具制造商为了节约时间而选择从#400开始。

2）半精抛 半精抛主要使用砂纸和煤油。砂纸的号数依次为：400#→600#→800#→1000#→1200#→1500#。一般1500#砂纸只适用于淬硬的模具钢（52HRC以上），而不适用于预硬钢，因为这样可能会导致预硬钢件表面烧伤。

3）精抛 精抛主要使用研磨膏。用抛光布轮混合研磨粉或研磨膏进行研磨，通常的研磨顺序是1800#→3000#→8000#。1800#研磨膏和抛光布轮可用来去除1200#和1500#砂纸留下的发状磨痕。接着用粘毡和钻石研磨膏进行抛光，顺序为14000#→60000#→100000#。精度要求在1μm以上（包括1μm）的抛光工艺在模具加工车间中的一个清洁的抛光室内即可进行。若进行更加精密的抛光则必须有一个绝对洁净的空间。灰尘、烟雾，头皮屑等都有可能报废数个小时的工作量得到的高精密抛光表面。

(2) 工艺措施

1）工具材质的选择 用砂纸抛光需要选用软的木棒或竹棒。在抛光圆面或球面时，使用软木棒可更好的配合圆面和球面的弧度。而较硬的木条像樱桃木，则更适用于平整表面的抛光。修整木条的末端使其能与钢件表面形状保持吻合，这样可以避免木条（或竹条）的锐角接触钢件表面而造成较深的划痕。

2)抛光方向的选择和抛光面的清理 当换用不同型号的砂纸时,抛光方向应与上一次抛光方向变换30°~45°,这样前一种型号砂纸抛光后留下的条纹阴影即可分辨出来。对于塑料模具,最终的抛光纹路应与塑料件的脱模方向一致。

在换不同型号砂纸之前,必须用脱脂棉沾取酒精之类的清洁液对抛光表面进行仔细的擦拭,不允许有上一道工序的抛光膏进入下一道工序,尤其到了精抛阶段。从砂纸抛光换成钻石研磨膏抛光时,这个清洁过程更为重要。在抛光继续进行之前,所有颗粒和煤油都必须被完全清洁干净。

3)抛光中可能产生的缺陷及解决办法 在研磨抛光过程中,不仅工作表面要求洁净,工作者的双手也必须仔细清洁。每次抛光时间不应过长,时间越短,效果越好。如果抛光过程进行得过长将会造成"过抛光"表面反而变粗糙。"过抛光"将产生"桔皮"和"点蚀"。为获得高质量的抛光效果,容易发热的抛光方法和工具都应避免。比如:抛光中产生的热量和抛光用力过大都会造成"桔皮";材料中的杂质在抛光过程中从金属组织中脱离出来,形成"点蚀"。

解决的办法是提高材料的表面硬度;采用软质的抛光工具;在抛光时施加合适的压力;并用最短的时间完成抛光。

当抛光过程停止时,保证工件表面洁净和仔细去除所有研磨剂和润滑剂非常重要,同时应在表面喷淋一层模具防锈涂层。

(3)影响模具抛光质量的因素 由于一般抛光主要还是靠人工完成,所以抛光技术目前还是影响抛光质量的主要原因。除此之外,还与模具材料、抛光前的表面状况、热处理工艺等有关。

1)不同硬度对抛光工艺的影响 硬度增高使研磨的困难增大,但抛光后的表面粗糙度减小。由于硬度的增加,要达到较低的表面粗糙度所需的抛光时间相应增长。同时硬度增高,抛光过度的可能性相应减少。

2)工件表面状况对抛光工艺的影响 钢材在机械切削加工的破碎过程中,会因热量、内应力或其他因素而使工件表面状况不佳;电火花加工后表面会形成硬化薄层。因此,抛光前最好增加一道粗磨加工,彻底清除工件表面状况不佳的表面层,为抛光加工提供一个良好基础。

3. 其他研磨抛光方法

(1)化学抛光 化学抛光是让材料在化学介质中,使表面微观凸出的部分较微观凹坑部分优先溶解,从而得到平滑面。这种方法的主要优点是不需复杂设备,可以抛光形状复杂的工件,可以同时抛光很多工件,效率高。化学抛光的核心问题是抛光液的配制和环境保护。化学抛光得到的表面粗糙度一般为数十 μm。

(2)电解抛光 电解抛光的基本原理与化学抛光相同,即靠选择性的溶解材料表面微小凸出部分,使表面光滑。与化学抛光相比,电解抛光可以消除阴极反应的影响,效果较好。电解抛光过程分为两步:第一步,宏观整平,溶解产物向电解液中扩散,材料表面几何粗糙下降,$Ra > 1 \mu m$。第二步,微光平整,阳极极化,表面光亮度提高,$Ra < 1 \mu m$。

(3)超声波抛光 超声波抛光是将工件放入磨料悬浮液中并一起置于超声波场中,依靠超声波的振荡作用,使磨料在工件表面磨削抛光。超声波加工宏观力小,不会引起工件变形,但工装制作和安装较困难。超声波加工可以与化学或电化学方法结合。在溶液腐蚀、电解的基础上,再施加超声波振动搅拌溶液,使工件表面溶解产物脱离,表面附近的腐蚀或电解均匀。超声波在液体中的空化作用还能够抑制腐蚀过程,利于表面光亮化。

(4) 磁研磨抛光　磁研磨抛光是利用磁性磨料在磁场作用下形成磨料刷,对工件磨削加工。这种方法加工效率高,质量好,加工条件容易控制,工作条件好。采用合适的磨料,表面粗糙度可以达到 $Ra0.1$。

(5) 流体抛光　流体抛光是依靠高速流动的液体及其携带的磨粒冲刷工件表面达到抛光的目的。常用方法有:磨料喷射加工、液体喷射加工、流体动力研磨等。流体动力研磨是由液压驱动,使携带磨粒的液体介质高速往复流过工件表面。介质主要采用在较低压力下流过性好的特殊化合物(聚合物状物质)并掺上磨料制成,磨料可采用碳化硅粉末。

五、冲压模手工制作方法

手工加工冲压模一般都要先制作二类样板,再进行模具零件的加工,现以图 4-9 所示的简单冲裁模为例分析手工制作的方法与步骤。

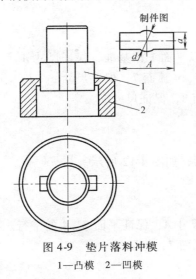

图 4-9　垫片落料冲模
1—凸模　2—凹模

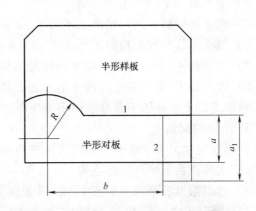

图 4-10　半形样板和对板

1. 二类样板加工

为加工垫片落料冲模,首先加工如图 4-10 所示的二类样板,再加工凸模 1,然后以凸模配加工凹模 2。二类样板用来精加工凹模 2 时,检测并保证尺寸 d 与尺寸 A 的对称度;半形样板用来精加工凸模时,检测并保证尺寸 d 与尺寸 A 的对称度。

半形对板尺寸 R 是图 4-12 所示的凹模尺寸 d 的半径,尺寸 a 要比凹模尺寸相应小 2mm,以保证检测凹模时不发生干涉,尺寸 b 是凹模尺寸 A 的一半,这个尺寸很重要,用来检测并保证凸、凹模尺寸 d 与尺寸 A 的对称度。

半形样板的尺寸 a_1 比凸模尺寸 a 大 1mm,保证能够全面的检测到凸模的尺寸 a。

半形对板和样板,通常都采用相同厚度的 45 钢板制造,两面表面同时进行平磨加工。精加工时先加工半形对板,然后以对板去配加工样板。

(1) 半形对板的加工步骤

1) 去掉平磨时产生的毛刺。

2) 划线表面涂抹紫色。

3) 按图样划线。

4) 按线锯掉废料块。

5）按线加工到线。

6）精加工平面1。

7）以平面1作基准，精加工平面2，保证与平面1垂直。

8）按半径样板精加工尺寸 R 半圆，保证尺寸 b。

（2）半形样板的加工。半形对板精加工合格后，配加工半形样板。边精加工边在灯箱玻璃上配研，并进行光隙检测，达到配合表面完全无光隙。

在半形对板和半形样板完成以后，就可以开始精加工图4-11所示的凸模了。图中凸模和模柄是一体的。机械加工后，钳工进行精加工。

2. 凸模的精加工

钳工精加工凸模时，用半形样板检测，保证尺寸 d 与尺寸 A 的对称度。

凸模精加工步骤：

1）去掉机加工时产生的毛刺。

2）按半形样板，同时精加工平面1、2和 d 弧面3。

3）按半形样板同时精加工平面4、5，d 弧面3，以平面1作基准，保证尺寸 A。

4）以平面4、5作基准，按半形样板精加工平面6、d 弧面7，保证尺寸 a、d。

5）以平面1、2作基准，按半形样板，精加工平面8，保证尺寸 a。

精加工以上所有的平面都必须垂直于平面9。

3. 凹模的配加工

凹模的配加工是在凸模完成以后，按凸模配加工的，如图4-12所示。

1）去掉机加工时产生的毛刺。

2）按半形对板精加工平面1、2、d 弧面3。

3）以平面1、2作基准，精加工平面4、5，保证尺寸 A；保证平面2、4的平行。

4）以平面4作基准，按半形对板加工平面6、d 弧面7，保证尺寸 a、d。

5）以平面2作基准，精加平面8，保证尺寸 a。

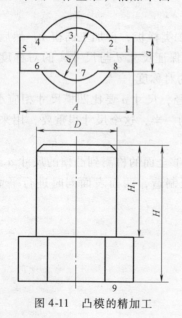

图4-11 凸模的精加工

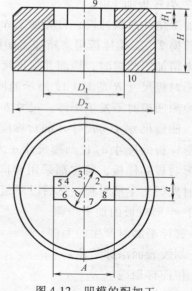

图4-12 凹模的配加工

6) 将凸模与凹模搭边，用铜棒轻轻地敲打进入凹模一部分，打不进为止。然后再将凸摸打出凹模，这时便明显地看出凹模的配合面硬点痕迹，精修这些痕迹，一直到凸模与凹模配合达到没有干涉为止。

在配加工的过程中，必须始终注意和保证凹模的配合面与平面9垂直。

钳工除了配加工外，还应按工作图规定钻孔、攻螺纹等。然后转热处理进行淬火。

淬火后，凸模的模柄用两块合适的V型块靠住，在平面磨床上磨平面9，见平为止，这样凸模刃口就加工出来了。凹模以平面9作基准，平磨平面10，见光为止。这样，凹模平面9与平面10就达到平行，然后再以平面10作基准，平磨平面9，这样凹模的刃口也出来了。

最后，钳工用磨石精修凸模和凹模的配合面，保证图样规定的配合间隙。

任 务 实 施

一、任务分析

教师发放学习说明书，学生接收并研读说明书，确认本技能训练的项目任务为手工制作图4-13所示的挡板落料模，明确该项目中将要加工的零部件。图4-13没有标注尺寸，由教师根据工装夹具大小、毛坯材料尺寸等条件确定。

二、制订工作计划

在教师的视频动画讲解中，理解掌握挡板落料冲模的结构特点和工作原理，明确挡板落料冲模制作的难点，并讨论加工方法，制定小组成员的作业计划。

研读并巩固前面的"理论知识"部分内容，根据制件尺寸设计二类样板，并绘制图样。

讨论并明确将需要的材料和工具，结合教师发放的学习操作说明书，编制材料和工具清单。

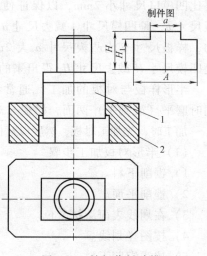

图4-13 挡板落料冲模
1—凸模 2—凹模

考评观测点：

- 小组工作计划　　　　　　（★★★□　★★□　★□）
- 二类样板设计图　　　　　（★★★★□　★★□　★□）
- 材料和工具清单　　　　　（★★★★□　★★□　★□）

三、设计工艺方案

讨论加工工艺路线，并编制工艺顺序卡（自行编制），反复检查后上交教师审核并确认。

该操作路线可参考下列路线：

1. 样板的制作

在进行凸模和凹模配加工前，先加工一套对板和样板，用来检测并保证凸模和凹模的配加工精度。应先加工半形对板，再以对板配加工样板。

2. 凸模的精加工

凸模精加工是在半形样板完成后进行，其尺寸是用半形样板进行检测。

3. 凹模的精加工

凹模的精加工是按半形对板进行。

考评观测点：

工艺顺序卡　　　　　　　　（★★★□　★★□　★□）

四、加工样板、凸模和凹模

以小组为单位根据制定的加工流程进行协同作业，小组之间注意分工合作，同时接受教师的监控和指导，关注教师的示范。

各零件的加工方法如下（供参考）：

1. 样板的制作

图 4-14 为本案的半形样对板，其中对板尺寸 e，要比凹模口尺寸小 2mm，以保证使用时不碍事。对板尺寸 b，是凹模尺寸 A 减去尺寸 a 被 2 除计算出来的，样板尺寸 c 比凸模尺寸 a 大 2mm，对板尺寸 d 是凹模尺寸 H 减去尺寸 H_1 得出来的。

半形样板与对板的加工，通常都采用 45 钢板，同时磨平（或刮平）两面，样板与对板厚度相同。

加工时，先加工对板，然后以对板去配加工样板。

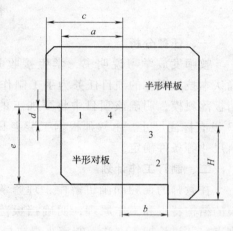

图 4-14　半形样对板

（1）半形对板加工步骤

1）锯削下料。

2）锉削平面。

3）在划线表面涂抹紫色。

4）按图样划线。

5）按线锯割下料。

6）按线加工到线。

7）精加工平面 1。

8）以平面 1 作基准，精加工平面 2，保证两面为垂直。

9）以平面 1 作基准，精加工平面 3，保证尺寸 d。

10）以平面 2 作基准，精加工平面 4，保证尺寸 b。

半形对板完成以后，按对板去配加工样板。在灯箱上进行配研和光隙检测。

（2）半形样板加工步骤

1）锯削下料。

2）锉削平面。

3）在划线表面涂抹紫色。

4）按半形对板划线。

5）按线加工到线。

6）按半形对板在灯箱玻璃上配研和检测光隙，精加工"多肉"的平面，直到与对板无光隙。

2. 凸模的精加工

凸模的精加工是在半形样板完成以后进行的，如图4-15所示。

凸模精加工步骤：

1）锯削下料。

2）锉削平面。

3）精加工平面1，保证与平面B垂直。

4）以平面1作基准，精加工平面3，保证与平面1垂直，保证尺寸A。

5）以平面1作基准，精加工平面4，保证尺寸H。

6）以平面2、4作基准，按半形样板同时精加工平面5、6，保证尺寸H_1。

7）以平面3、4作基准，按半形样板同时精加工平面7、8，保证尺寸a、H_1。

8）在划线表面涂抹紫色。

9）按图样划线。

10）按线钻孔。

11）转送热处理。

12）淬火后平磨，以平面C作基准，平磨平面B，磨出刃口，见光即可。

13）以平面B作基准，平磨平面C，见光即可，保证与平面B的平行度。

14）用磨石精加工配合面，保证与凹模的配合间隙。

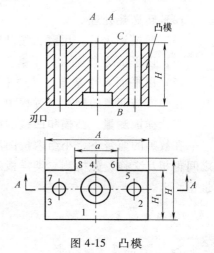

图4-15　凸模

3. 凹模的精加工

按半形对板精加工凹模，如图4-16所示。

凹模精加工步骤：

1）锯削下料。

2）锉削平面。

3）在划线表面涂抹紫色。

4）按凸模划线。

5）按线加工到线。

6）精加工平面1，保证与平面B垂直。

7）以下面1作基准，精加工平面2，保证与平面1垂直。

8）以平面2作基准，按半形对板同时精加工平面3、4、5，保证尺寸H、H_1。

9）以平面1作基准，精加工平面6，保证与平面1垂直，保证尺寸A。

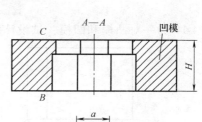

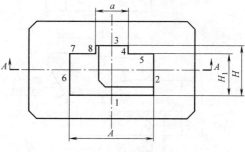

图4-16　凹模

10）以平面3、6作基准，按半形对板同时精加工平面7、8，保证尺寸a。

11）将凸模在凹模上放正搭边后，用铜棒轻轻的敲打凸模，进入凹模一段打不动时，再退出凸模，这时凹模的配合面就会有明显的硬点痕迹。根据这些痕迹进行精加工，一直到凸模全部通过凹模为止。

12）转送热处理。

13）凹模淬火后，用磨石按凸模精加工，保证配合间隙。

14）以平面 B 作基准，平磨平面 C，磨出刃口。

15）以平面 C 作基准，平磨平面 B，保证与平面 C 的平行度。

在凸模与凹模的配加工过程中，始终要注意和保证凸模与凹模的垂直度。

五、样板测量，凸模和凹模配检

在教师的监督下，小组内按图测量二类样板的所有尺寸，并填写产品质量检测卡。小组之间再相互交换，先检测二类样板的尺寸，再用样板和对板检测凸模和凹模，并填写产品质量检测卡。

考评观测点：

　　产品质量检测卡　　　　　（★★★□　★★□　★□）

六、考核评价

教师或专家根据前述考评观测点的成绩，以及学生的实训报告，给学生客观评价，并提出发展性的建议。

考评观测点：

　　实训报告　　　　　　　　（★★★□　★★□　★□）
　　一生一卡　　　　　　　　（★★★□　★★□　★□）

拓 展 练 习

图 4-17 为一对凸模和凹模，试设计钳工精加工时所需的半形对样板。

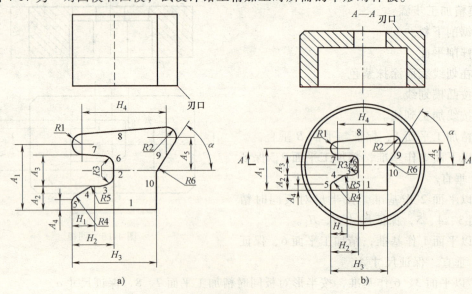

图 4-17　凸模和凹模
a）凸模　b）凹模

项目五　冷冲模装配、安装与调试

【知识目标】
- ◇ 掌握冲模装配工艺过程。
- ◇ 熟悉模柄、导柱和导套、工作零件等典型零件的固定方法。
- ◇ 掌握冲裁间隙控制的三种常用的方法。
- ◇ 掌握 JC23-25 开式可倾压力机的结构组成。
- ◇ 掌握冲模安装的工艺步骤及方法。
- ◇ 掌握冲模调试的基本内容。
- ◇ 掌握冲模维护的基本知识。

【能力目标】
- ◇ 具备熟练掌握安装导柱和导套、凸模的技能。
- ◇ 具有装配冲压模的技能。
- ◇ 具备凸、凹模间隙调整的技能。
- ◇ 具备操作压力机的技能。
- ◇ 具备将冲压模安装于压力机上，并进行试模的技能。
- ◇ 具备冲压模结构图样识读的能力。
- ◇ 具有冲压模装配工艺的设计能力。
- ◇ 通过工艺编制具备报表制作的能力。
- ◇ 通过小组协同作业增强沟通能力。
- ◇ 分析缺陷，解决问题的能力。

理 论 知 识

一、冲压模装配技术要求

冲压模主要包括冲裁模、弯曲模、拉深模、成形模和冷挤压模等。对这些模具的装配，就是按照模具设计的要求，把同一模具的零件连接或固定起来，达到装配的技术要求，并保证加工出合格的制件的过程。

在模具装配之前，要仔细研究设计图样，按照模具的结构及技术要求确定合理的装配顺序及装配方法，选择合理的检测方法及测量工具等。

各类冷冲模装配后，都应符合装配的结构及技术要求，其具体要求见表 5-1。

二、装配工艺过程

1. 准备工作

(1) 分析阅读装配图和工艺过程　通过阅读装配图了解模具的功能、原理关系、结构

表 5-1 冲压模装配技术要求

序号	项目	要 求
1	模具外观	1) 铸造表面应清理干净，使其光滑并涂以绿色、蓝色或灰色油漆，使其美观 2) 模具加工表面应平整、无锈斑、锤痕、碰伤、焊补等，并对除刃口、型孔以外的锐边、尖角倒钝 3) 模具质量大于 25kg 时，模具本身应装有起重杆或吊钩、吊环 4) 模具的正面模板 L，应按规定打刻编号、图号、制件号、使用压力机型号、制造日期等
2	工作零件	1) 凸模、凹模、侧刃与固定板安装基面装配后在 100mm 长度上垂直度允许误差（简称允差）： 刃口间隙≤0.06mm 时小于 0.04mm 刃口间隙≥0.06~0.15mm 时小于 0.08mm 刃口间隙≥0.15mm 时小于 0.12mm 2) 凸模、凹模与固定板装配后，其安装尾部与固定板安装面必须在平面磨床上磨平。$Ra = 1.6 \sim 0.8 \mu m$ 以内 3) 对多个凸模工作部分高度的相对误差不大于 0.1mm 4) 拼块的凸模或凹模，其刃口两侧平面应光滑一致，无接缝感觉；对弯曲、拉深、成形模的拼块凸模或凹模工作表面，在接缝处的平面度也不大于 0.02mm
3	紧固件	1) 螺栓装配后，必须拧紧。不许有任何松动。螺纹旋入长度与钢件联接时，不小于螺栓的直径；与铸件联接时不小于 1.5 倍螺栓直径 2) 定位圆柱销与销孔的配合松紧适度。圆柱销与每个零件的配合长度应大于 1.5 倍直径
4	导向零件	1) 导柱压入模座后的垂直度，在 100mm 长度内允差：滚珠导柱类模架≤0.005mm；滑动导柱Ⅰ类模架≤0.015mm；滑动导柱Ⅱ类模架≤0.015mm；滑动导柱Ⅲ类模架≤0.02mm 2) 导料板的导向面与凹模中心线应平行。在 100mm 长度上其平行度允差：冲裁模不大于 0.05mm，连续模不大于 0.02mm
5	凸、凹模间隙	1) 冲裁凸、凹模的配合间隙必须均匀。其误差不大于规定间隙的 20%，局部尖角或转角处不大于规定间隙的 30% 2) 压弯、成形、拉深类凸、凹模的配合间隙装配后必须均匀。其值最大不超过料厚加料厚的上偏差，最小值不超过料厚减料厚的下偏差
6	模具闭合高度	1) 模具闭合高度≤200mm 时，允许误差 1~3mm 2) 模具闭合高度 >200~400mm 时，允许误差 2~5mm 3) 模具闭合高度 >400mm 时，允许误差 3~7mm
7	顶出与卸料件	1) 冲压模具装配后，其卸料板、推件板、顶板均应露出凹模模面、凸模顶端、凸凹模顶端 0.5~1mm 2) 弯曲模顶件板装配后，应处于最低位置。料厚为 1mm 以下时允为 0.01~0.02mm。料厚大于 1mm 时允为 0.02~0.04mm 3) 顶杆、推杆长度，在同一模具装配后应保持一致。允差小于 0.1mm 4) 卸料机构动作要灵活，无卡阻现象
8	平行度要求	装配后上模板上平面与下模板平面的平行度有下列要求： 1) 冲裁模刃口间隙≤0.06mm 时，300mm 长度内允差 0.06mm。刃口间隙 >0.06mm 时，300mm 长度内允差 0.08mm 2) 其他模具在 300mm 长度内允差 0.10mm
9	模柄装配	1) 模柄对上模板垂直度在 100mm 长度内允差不大于 0.05mm 2) 浮动模柄凸凹球面接触面积不少于 80%

特征及各零件间的连接关系,通过阅读工艺规程了解模具装配工艺过程中的操作方法及验收等内容,从而清晰地知道该模具的装配顺序、装配方法、装配基准、装配精度,为顺利装配模具构思出一个切实可行的装配方案。

(2) 清点零件、标准件及辅助材料　按照装配图上的零件明细表、首先列出加工零件清单,领出相应的零件等进行清洗整理、特别是对凸、凹模等重要零件进行仔细检查,以防出现裂纹等缺陷影响装配。其次列出标准件清单、准备所需的销钉、螺钉、弹簧、垫片及导柱、导套、模板等零件。再列出辅助材料清单,准备好橡胶、铜片、低熔点合金、环氧树脂、无机粘结剂等。

(3) 布置装配场地　装配场地是安全文明生产不可缺少的条件,所以要将划线平台和钻床等设备清理干净。还要将所需的工具、量具、刀具及夹具等工艺装备准备好,待用。

2. 装配工作

由于模具属于单件小批生产,所以在装配过程中通常集中在一个地点装配。按装配模具的结构内容可分为组件装配和总体装配。

(1) 组件装配　组件装配是把两个或两个以上的零件按照装配要求使之联成为一个组件的局部装配工作。如冲模中的凸(凹)模与固定板的组装、顶料装置的组装等。

这是根据模具结构复杂的程度和精度要求进行的,对整体装配模具将起到一定的保证作用,能减小累积误差的影响。

(2) 总体装配　总体装配是把零件和组件通过连接或固定而成为模具整体的装配工作。这是根据装配工艺规程安排的,依照装配的顺序和方法进行、保证装配精度,达到规定的各项技术指标。

3. 检验

检验工作是一项重要不可缺少的工作,它贯穿于整个工艺过程之中。在单个零件加工之后,组件装配之后以及总装配完工之后,都要按照工艺规程的相应技术要求进行检验,其目的是控制和减小每个环节的误差,最终保证模具整体装配的精度要求。

模具装配完工后经过检验、认定,在质量上没有问题后,就可以安排试模。通过试模发现是否存在设计与加工等技术上的问题,并随之进行相应的调整或修配,直到使制件产品达到质量标准时,模具才算合格。

三、模柄的装配

模柄主要是用来保持模具与压力机滑块的连接,它装配在模座板中。常用的模柄装配方式有:

1. 压入式模柄的装配

压入式模柄的装配如图 5-1 所示。它与上模座孔采用 H7/m6 过渡配合并加销钉(或螺钉)防止转动,装配完后将端面在平面磨床上磨平。这种模柄结构简单、安装方便、应用较广泛。

2. 旋入式模柄的装配

旋入式模柄的装配如图 5-2 所示,它通过螺纹直接旋入模板上而固定,用齐缝螺钉防松,装卸方便,多用于一般冲模。

3. 凸缘式模柄的装配

凸缘式模柄的装配如图 5-3 所示,它通过 3~4 个螺钉固定在上模座的窝孔内,螺钉头

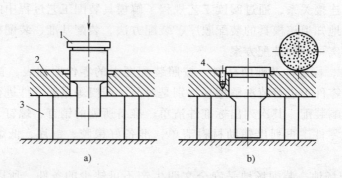

图 5-1 压入式模柄的装配
a) 模柄装配　b) 磨平端面
1—模柄　2—上模座　3—等高垫块　4—骑缝销钉

不能外凸，多用于大型模具上。

以上 3 种模柄装入上模座后，必须保持模柄圆柱面与上模座上平面的垂直度，其误差不大于 0.05mm。

四、导柱和导套的装配

1. 压入法装配

（1）装配导柱　导柱与下模座孔采用 H7/r6 过盈配合，装配方法如图 5-4 所示。压入时使导柱中心位于压力机中心，在压入过程中，应经常检查垂直度，压入很少一部分即要检查，当压入 1/3 深度时再检查一次，不合格应及时调整，并注意控制到底面留出 (1~2) mm 的间隙。

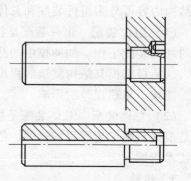

图 5-2　旋入式模柄的装配

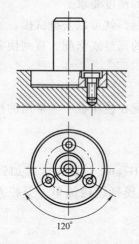

图 5-3　凸缘式模柄的装配

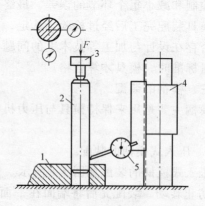

图 5-4　压入导柱
1—下模座　2—导柱　3—压块
4—升降座　5—百分表

（2）装配导套　导套的装配如图 5-5 所示，它与上模座孔采用 H7/r6 过盈配合。压入时是以下模座和导柱来定位的，并用千分表检查导套压配部分的内外圆的同轴度，并使 Δ_{max} 值处在两导套中心连线的垂直位置上，减小对中心距的影响。达到要求时将导套部分压入上模座，然后取走下模座，继续把导套的压配部分全部压入。

2. 粘接法装配

压入法用于过盈配合时的装配，除此之外还有粘接固定和压块压紧固定应用也非常广泛。压块压紧装配非常简单，这里仅介绍粘接固定法。

粘接固定导柱和导套常用于冲裁厚度小于 2mm 以下，精度要求不高的中小型模架，如图 5-6 所示。其安装顺序和方法是借助垫块、套筒将导柱和导套放入安装孔中，并确定四周间隙较均匀，将导套取走，再对导柱进行粘接固定。然后安装导套以下模座和导柱定位，在保证间隙和垂直度之后，对导套进行粘接。

3. 导柱和导套的装配检测

不管采用什么装配方法，导柱和导套的装配精度都要进行检测，其重点是其垂直度和平行度的检测。

（1）垂直度检测 导柱垂直度测量如图 5-7a 所示，导套孔轴线对上模座上表面的垂直度可在导套孔内插入锥度为 0.015∶200 的心棒进行检查，如图 5-7b 所示。导柱和导套的垂直度误差在 100mm 长度内必须达到：滚珠导柱类模架 ≤0.005mm；滑动导柱Ⅰ类模架 ≤0.01mm；滑动导柱Ⅱ类模架 ≤0.015mm；滑动导柱Ⅲ类模架 ≤0.02mm。

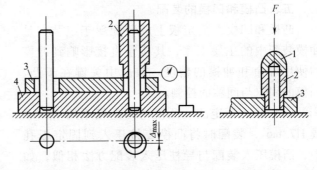

图 5-5 导套的装配
1—帽形垫铁 2—导套 3—上模座 4—下模座

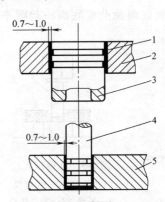

图 5-6 导柱、导套粘接装配
1—粘结剂 2—上模座 3—导套 4—导柱 5—下模座

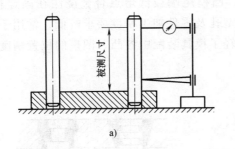 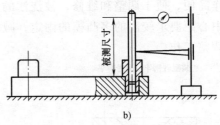

a)　　　　　　　　　　b)

图 5-7 导柱、导套垂直度检测
a) 导柱测量 b) 导套测量

（2）平行度检测 导柱和导套装配后，将上、下模座对合，中间垫以球形垫块，如图 5-8 所示。在检验平板上检查模座上表面对底面的平行度。在被测表面内取百分表的最大与最小读数之差，即为被测模架的平行度误差。

五、凸模和凹模的装配

凸模和凹模在固定板上的装配属于组装,是冲模装配中的主要工序,其质量直接影响到冲模的使用寿命和冲模的精度。装配中关键在于凸、凹模的固定与间隙的控制。

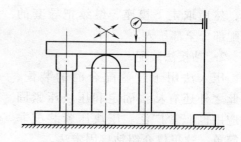

图 5-8　模架平行度的检查

(1) 压入固定法　凸模与固定板采用 H7/n6 或 H7/m6,装配时将凸模直接压入到固定板孔中,凸模压入装配与导柱压入装配方法相似,如图 5-9 和图 5-10 所示。多凸模压入次序为:凡是装配易于定位,便于做其他凸模安装基准的优先压入。在压入过程中同样需要注意垂直度的检查,压入后以固定板的另一面做基准,将固定板底面及凸模底面一起磨平,然后再以此面为基准,在平面磨床上磨凸模刃口,使刃口锋利。

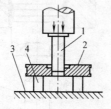

图 5-9　凸模压入法
1—凸模　2—固定板
3—平台　4—等高垫块

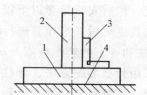

图 5-10　压入时检查
1—固定板　2—凸模
3—90°角尺　4—平台

(2) 铆开固定法　铆开法固定法如图 5-11 所示,凸模尾端被锤子和凿子铆开在固定板的孔中,常用于冲裁厚度小于 2mm 的冷冲模中。凸模尾端可不经淬硬或淬硬不高(低于30HRC)。凸模工作部分长度应是整长的 1/2 ~ 1/3。

(3) 紧固件法装配　利用紧固零件将工作零件固定的形式有螺钉紧固、压块压紧、挂销固定、台肩固定等,其特点是工艺简单、紧固方便。

(4) 低熔点合金固定法　如图 5-12 所示,凸模尾端被低熔点合金浇注在固定板孔中。该方法操作简便,便于调整和维修,被浇注的型孔及零件加工精度要求较低,常用于复杂异形和对孔中心距要求较高的多凸模的固定,减轻了模具装配中各凸、凹模的位置精度和间隙均匀性的调整工作。

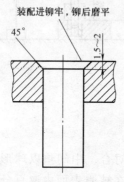

图 5-11　铆开法装配

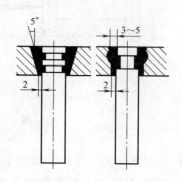

图 5-12　低熔点合金固定凸模

浇注前应将固定零件进行清洗、去除油污，并将固定零件的位置找正，利用辅助工具和配合零件等进行定位。将浇注部位预热至 100~150℃。浇注过程中及浇注后不能触动固定零件，以防错位，一般放置 24 小时充分冷却。

低熔点合金不仅用于工作零件的固定，还可用于导柱的固定、电极的固定、卸料孔的浇注及型腔浇注等。常用低熔点合金配方、性能及应用范围见表 5-2。

表 5-2 常用低熔点合金配方、性能及应用范围

| 序号 | 配方（质量分数%） | | | | | 性能 | | | | | 应用范围 |
	锑 Sb	铅 Pb	镉 Cd	铋 Bi	锡 Sn	熔点 /℃	硬度 /HB	抗拉强度 /MPa	抗压强度 /MPa	冷凝膨胀值	
1	9	28.5	—	48	14.5	120	—	900	1100	0.002	固定凸模、凹模，浇注卸料孔、导柱、导套
2	5	35	—	45	15	100	—	—	—	—	固定凸模、凹模，浇注卸料孔、导柱、导套
3	—	—	—	58	42	135	18~20	800	870	0.005	浇注型腔
4	1	—	—	54	42	135	21	770	950	—	浇注型腔
5	—	27	10	50	13	70	9~11	400	740	—	固定电极及电气靠模

（5）环氧树脂粘接固定　环氧树脂在硬化状态下，对各种金属和非金属附着力非常强，而且固化收缩小，粘接时不需要附加力。如图 5-13 所示，其方法与低熔点合金固定方法相似，是将环氧树脂粘结剂浇入固定零件的间隙内，经固化后固定模具零件。

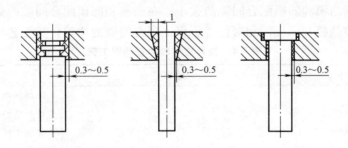

图 5-13　环氧树脂粘接固定

常用环氧树脂粘结剂配方见表 5-3。

表 5-3　环氧树脂粘结剂配方

| 组成成分 | 名称 | 配比/g | | | | |
		1	2	3	4	5
粘结剂	环氧树脂 634 或 610	100	100	100	100	100
填充剂	铁粉（粒径 48~75μm）	250	250	250	—	—
	石英粉（粒径 75μm）	—	—	—	200	100
填塑剂	邻苯二甲酸二丁脂	15~20	15~20	15~20	10~12	15

(续)

组成成分	名称	配比/g				
		1	2	3	4	5
固化剂	无水乙二胺	8~10	16~19	—	—	—
	二乙烯三胺	—	—	—	—	10
	间苯二胺	—	—	14~16	—	—
	邻苯二甲酸酐	—	—	—	35~38	—

配置环氧树脂粘结剂时，先将配方中各种成分的原料，按计算数量配比用天平称量准确。将环氧树脂在烧杯中加热到70~80℃，将经过烘箱200℃烘干的铁粉加入到加热后的环氧树脂中调制均匀。然后加入邻苯二甲酸二丁脂，继续搅拌均匀，当温度降到40℃左右时，将无水乙二胺加入继续搅拌，待无气泡后，即可浇注。

被粘接零件必须借助辅助工具和其他零件的配合，使固定零件的位置、配合间隙达到精度要求。

六、冲裁间隙控制

冲裁模的凸模和凹模之间的间隙，在模具装配时要求严格控制：一是要求间隙值准确，即必须按照模具设计所要求的合理间隙；二是在装配时必须把间隙控制均匀，才能保证装配质量，从而保证冲压件的质量和使用寿命。常用的间隙控制方法有垫片法、镀铜法和透光法。

1．垫片法

用垫片法调整凸、凹模的配合间隙，使间隙均匀，然后旋紧上模座和凸模固定板间的紧固螺钉。

垫片法是根据凸模和凹模配合间隙的大小，在凸模和凹模配合间隙内垫入厚度均匀的纸片或金属片，调整凸模和凹模的相对位置，保证配合间隙的均匀。其工艺顺序见表5-4。

表5-4 垫片法控制冲裁间隙工艺

序号	工序	示意图	工艺说明
1	初步固定凸模固定板		一般凹模固定在凹模座上，将装好凸模的固定板安装在上模座上，初步对准位置，螺钉不要紧固太紧
2	放垫片		在凹模刃口四周适当位置安放垫片，垫片厚度等于单边间隙值
3	合模观察、调整		将上模座上的导套慢慢套进导柱，观察凸模1及凸模2是否顺利进入凹模与垫片接触，用等高垫块垫好，用敲击固定板方法调整间隙均匀为止，然后拧紧上模座螺钉

(续)

序号	工序	示意图	工艺说明
4	切纸试冲	————	在凸模与凹模间放纸，进行试冲，由切纸观察间隙是否均匀，不均匀时调整到间隙均匀为止
5	固定凸模	————	上模座与固定板钻铰定位销孔，打入定位销钉

2. 镀铜法

该法是在凸模上镀铜，镀层厚度为凸模和凹模单边间隙值。镀铜法由于镀铜均匀可使装配间隙均匀。在小间隙（<0.08mm）时，只需碱性镀铜（相当于打底），否则在碱性镀铜后再进行酸性镀铜（加厚）。镀层在冲模工作中自行脱落，不必去除。镀铜法的工艺顺序见表5-5。

表5-5 镀铜法控制冲裁间隙工艺

序号	工序	操作要点	工艺说明
1	镀铜	将凸模距刃口8~10mm以外的凸模工作表面均涂上磁漆，然后将凸模放入镀铜池中进行镀铜	镀层厚度比单边间隙小0.01~0.02mm
2	消毒处理	将已镀铜的凸模浸入质量分数为10%的硫酸亚铁溶液且与氰化钠已中和的溶液中，进行消毒	减小镀层毒性，减少对装配工人的危害
3	修刮	用小刀仔细修刮凸模上转角处可能出现的较厚涂层	确保间隙均匀
4	安装凸模	凹模通常已经固定（已打入定位销）。将凸模和固定板安于上模座上，初步对准位置后拧紧固定螺钉，但不能拧得过紧	观察凸模能否顺利进入凹模，并用等高的平行垫板垫在上、下模座之间，同时敲击凸模固定板来调整凸模和凹模的接触情况
5	试冲	切纸试冲	检查试件是否满足图样要求
6	固定凸模	————	————

3. 透光法

将模具的上模部分和下模部分分别装配，螺钉不要紧固，定位销先不装配。将等高垫块放在固定板及凹模之间，并用平行夹头夹紧，翻转模具如图5-14所示。用手电筒照射，从漏料孔观察光透过多少，确定间隙是否均匀并调整核实。然后紧固螺钉、装配销钉。经固定后的模具要用相当于板料厚度的纸片进行试冲。如果样件四周毛刺较小且均匀，则配合间隙调整适合。如果样件某段毛刺较大，则说明间隙不均匀，该处间隙较大，应重新调整至试冲合适为止。

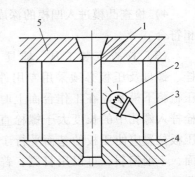

图5-14 透光调整配合间隙
1—凸模 2—光源 3—垫块
4—固定板 5—凹模

七、模具的安装

1. 安装前的检查

(1) 检查压力机

1) 核对技术指标　核对 JC23-25 开式可倾压力机的技术指标（见表5-6），确认其公称压力大于模具所需冲压力的1.2倍以上、压力机闭合高度满足图5-15所示的关系、模柄与安装孔能否配合、工作台尺寸与模具大小的关系等。

2) 检查压力机的技术状态

① 检查压力机的刹车、离合器及操纵机构是否正常工作。

② 检查压力机上的打料螺钉，并把它调整到适当位置，以免调节滑块的闭合高度时，顶弯或顶断压力机上的打料机构。

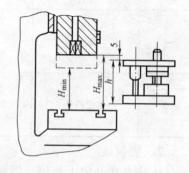

图 5-15　冲模闭合高度

③ 按压力机启动手柄或脚踏板，滑块不应有连冲现象，若发生连冲，经调整消除后再安装冲模。

④ 检查工作台面是否干净，否则用毛刷及棉纱擦拭干净。

表 5-6　JC23-25 开式可倾压力机技术指标

项目	指标	项目	指标
公称压力/t	25	连杆调节长度/mm	55
滑块行程/mm	65	滑块中心线至床身距离/mm	200
滑块行程次数/（次/min）	105	工作台尺寸/mm	370×270
最大闭合高度/mm	270	模柄孔尺寸/mm	$\phi 40 \times 60$

曲柄压力机的结构如图 5-16 所示。

(2) 检查冲模

1) 对照图样，检查冲模安装是否完整。

2) 检查冲模表面是否符合技术要求。

3) 冲模安装之前，检查凸模的中心线与凹模工作平面是否垂直、凸模与凹模间隙是否均匀，可以利用 90°角尺、塞尺或试件进一步检查。

4) 检查凸模进入凹模的深度是否与板料厚度相符合。

(3) 检查安装工具、辅具　安装冲模的螺栓、螺母及压板必须采用专用件，其标准是：用压板将下模紧固在工作台面上时，其紧固用的螺栓拧入螺孔中的长度大于螺栓直径的 1.5~2 倍。压板位置应使压板的基面平行于压力机的工作台面，不准偏斜，可以用目测、普通量具或百分表测量。

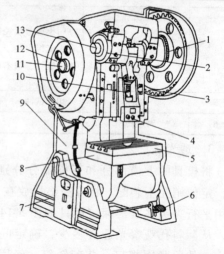

图 5-16　开式双柱可倾式曲柄压力机
1—离合器　2—制动器　3—大齿轮　4—滑块
5—工作台垫板　6—脚踏板　7—底座　8—工作台
9—床身　10—连杆　11—传动轴
12—带轮　13—曲柄

2. 安装准备

1)用干净棉纱把压力机工作台面、滑块的底面和模具上、下面擦拭干净。
2)合上压力机电源开关,接通电源。
3)如图 5-17 所示,将行程调整开关拨至"手动"位置。
4)按下电动机"开动"按钮,起动设备;手动将滑块降至下止点,按停机按钮,关机。
5)如图 5-18 所示,用钢直尺测量压力机工作台面到滑块底面的闭合高度。

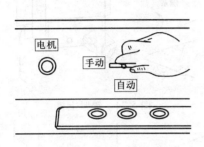

图 5-17 将开关拨至"手动"

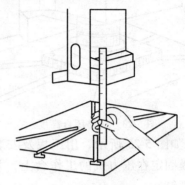

图 5-18 测量闭合高度

6)如图 5-19 所示,用活扳手把滑块调节螺杆的锁紧螺钉松开;再如图 5-20 所示,把滑块上固定模柄的锁紧螺钉松开。

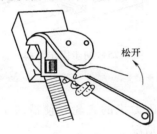

图 5-19 松开调节螺杆锁紧螺钉

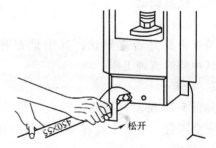

图 5-20 松开模柄锁紧螺钉

7)如图 5-21 所示,用活扳手扳动滑块调节螺杆,将滑块调到高于待装模具闭合高度的位置上。

3. 安装模具

1)如图 5-22 所示,把模具安放在压力机工作台板中心位置上,模具的模柄应对准滑块下平面上的模柄孔。

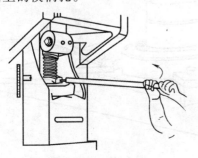

图 5-21 调节闭合高度

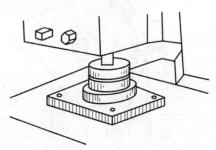

图 5-22 放置模具

2）如图 5-23 所示，用活扳手扳动调节螺杆，向下调整压力机的闭合高度，使模柄完全插入模柄孔内。

3）如图 5-24 所示，用活扳手锁紧夹紧块上的锁紧螺钉，将上模紧固在压力机的滑块上。

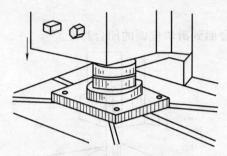

图 5-23　调整闭合高度

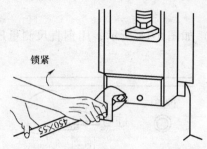

图 5-24　锁紧上模

4）如图 5-25 所示，用压板及安装螺钉初步将下模固定在压力机的工作台上，并稍稍拧紧安装螺钉。

5）起动压力机，将滑块上升到上止点后，按下停机按钮，关机完成模具的安装。

八、模具调试

1. 检查

检查模具是否有异状，其中是否有异物，并作试冲前的清理工作。

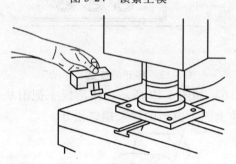

图 5-25　初步固定下模

2. 调节

如图 5-26 所示，用撬杆插入飞轮外缘的孔内，转动压力机的飞轮，使滑块下降至上、下模完全闭合，在这个过程中关注凸模和凹模刃口的配合情况。

3. 切纸

用相当于板料厚度的纸片进行初步试冲。此时仍然是手动转动飞轮（可以适当加快速度），观察冲裁得到的纸片，判断间隙是否均匀，再做适当调节。

4. 固定下模

如图 5-27 所示，用活扳手拧紧下模安装螺栓，紧固下模。

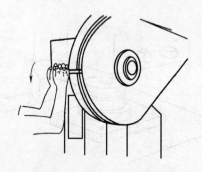

图 5-26　拨动飞轮

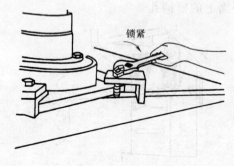

图 5-27　固定下模

5. 起动设备

如图 5-28 所示，起动设备，踩下脚踏开关，空运转设备几次。

6. 调试

调试是一个非常细致的工作，要仔细比较每次冲裁获得的制件，发现模具设计与制造的不足，并找出原因进行改正。冲裁模试冲常见的缺陷、产生的原因和调整方法见表 5-7。

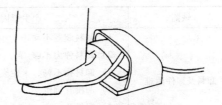

图 5-28 踩下脚踏开关

表 5-7 冲裁模试冲时常见的缺陷、产生原因和调整方法

缺陷	产生原因	调整方法
冲件毛刺过大	1）刃口不锋利或淬火硬度不够 2）间隙过大或过小，间隙不均匀	1）修磨刃口使其锋利 2）重新调整凸凹模间隙，使之均匀
冲件不平整	1）凹模有倒锥 2）顶出杆与顶出器解除零件面太小 3）顶出杆、顶出器分布不均匀	1）修磨凹模后角 2）更换顶出杆，加大与零件的接触面积
尺寸超差、形状不准确	凸模、凹模形状及尺寸精度差	修整凸、凹模形状及尺寸，使之达到形状及尺寸精度要求
凸模折断	1）冲裁时产生侧向力 2）卸料板倾斜	1）在模上设置靠块抵消侧向力 2）修整卸料板或使凸模增加导向装置
凹模胀裂	凹模有侧锥，形成上口大下口小	修磨凹模孔，消除倒锥现象
凸、凹模刃口相咬	1）上、下模座、固定板、凹模、垫板等零件安装基面不平行 2）凸、凹模错位 3）凸模、导柱、导套与安装基面不垂直 4）导向精度差，导柱、导套配合间隙过大 5）卸料板孔位偏斜使冲孔凸模位移	1）调整有关零件重新安装 2）重新安装凸、凹模，使之对正 3）调整其垂直度重新安装 4）更换导柱、导套 5）修整及更换卸料板
冲裁件剪切断面光亮带宽，甚至出现毛刺	冲裁间隙过小	适当放大冲裁间隙，对于冲孔模间隙放大在凹模方向上，对落料模间隙加大在凸模方向上
剪切断面光亮带宽窄不均匀，局部有毛刺	冲裁间隙不均匀	修磨或重装凸模或凹模，调整间隙保证均匀
外形与内孔偏移	1）在连续模中孔与外形偏心，并且所偏的方向一致，表明侧刃的长度与步距不一致 2）连续模多件冲裁时，其他孔形正确，只有一孔偏心，表明该孔凸模、凹模位置有变化 3）复合模孔形不正确，表明凸、凹模相对位置偏移	1）加大（减小）侧刃长度或磨小（加大）挡料块尺寸 2）重新装配凸模并调整其位置使之正确 3）更换凸（凹）模，重新进行装配调整合适
送料不通畅，有时被卡死，易发生在连续冲模	1）两导料板之间的尺寸过小或有斜度 2）凸模与卸料板之间的间隙太大，致使搭边翻转而堵塞 3）导料板的工作面与侧刃不平行，卡住条料，形成锯齿形 4）侧刃与导料板挡块之间有缝隙，配合不严密，形成毛刺大	1）粗修或重新装配导料板 2）减小凸模与导料板之间的配合间隙，重新浇注卸料板孔 3）重新装配导料板，使之平行 4）修整侧刃及挡块之间的间隙，使之达到严密

（续）

缺陷	产生原因	调整方法
卸料及卸件困难	1）卸料装置不动作 2）卸料弹力不够 3）卸料孔不畅，卡住废料 4）凹模有倒锥 5）漏料孔太小 6）打料杆长度不够	1）重新装配卸料装置，使之灵活 2）增加卸料弹力 3）修整卸料孔 4）修整凹模 5）加大漏料孔 6）加长打料杆

7．结束工作

试冲产品经检验后，关机。如果需要进行生产，则用活扳手锁紧调节螺杆的锁紧螺栓，交付使用。否则，将模具拆卸下来，贴上铭牌（一般包括模具编号、制件编号、使用压力机型号、制造日期等），涂上防锈油后经检验合格入库。

任务实施

一、任务分析

1．学习任务

如图 5-29 所示为一副典型的落料模具，其零部件列表见表 5-8。本次学习任务是零件装配成整套模具，并安装于压力机上，通过试冲、调节获得图 5-30 所示的冲压件。

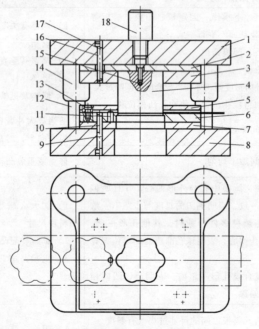

图 5-29　落料模

1—上模座　2—上垫板　3—凸模固定板　4—凸模　5—卸料板
6—凹模板　7—下垫板　8—下模座　9—销钉
10—内六角螺钉　11—定位销　12—导柱　13—内六角螺钉
14—导套　15—内六角螺钉　16—内六角螺钉
17—销钉　18—模柄

2. 分析任务

（1）模具工作原理　该模具是一副导柱式落料模，上模由凸模4、凸模固定板3、上垫板2、上模座1、模柄18、导套14、以及螺钉和销钉组成；下模由下模座8、下垫板7、凹模板6、卸料板5、定位销11、导柱12、以及螺钉和销钉组成。

上下模之间由一对导柱和导套进行导向，保证较好的合模精度。上模通过模柄18安装于压力机滑块上，下模则由压板压紧固定在压力机工作台上。

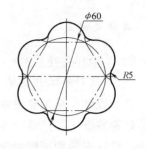

材料：Q235(A3未退火)
厚度1.0mm

图 5-30　冲压制件

模具工作过程：毛坯沿卸料板5的导向槽送入模具中，由定位销11定位；上模在压力机滑块的作用下下行，凸模4与凹模6的刃口将板料分离；上模随压力机滑块上行，制件由下模漏出，条料将箍在凸模4上，卸料板5将其刮下，条料继续向前送，开始下一个环节。

（2）任务内容分析

1）模具装配　清点所有的模具零件，并经装配前的清洗、测量，将零件组装成成套模具。

2）模具安装　按照知识准备中学习的方法，将模具安装于压力机上。

3）模具调试　起动压力机，试冲产品，检验产品尺寸和形状。如果产品不合格，则需要做必要的修正和调节。

二、制订工作计划

1. 操作步骤及分工

根据上述模具的结构特点和工作原理，明确每个零部件的功用，并讨论装配方法。同时，小组长根据任务内容需要，对小组成员进行分工，制定任务作业计划（具体格式可参考表5-8）。

表 5-8　小组作业计划表

序号	操作内容	目标要求	完成时间	责任人

2. 材料和工量具清单

根据任务作业计划，列出材料和工量具清单（具体格式可参考表5-9）。

表 5-9　冲压模装配、安装、调试工量具清单

序号	名称	规格	数量	备注

✋ **考评观测点：**

- 小组工作计划　　　　　　　（★★★☐　★★☐　★☐）
- 材料和工具清单　　　　　　（★★★☐　★★☐　★☐）

三、设计装配工艺流程

讨论装配工艺路线，并编制装配工艺顺序卡（小组讨论编制），根据模具安装和调试的要求，设计安装和试模纪录卡（小组讨论编制），反复检查后交指导老师审核并确认。

工艺顺序卡可以参考表 5-10。

表 5-10　模具装配工艺卡

模具装配工艺卡		模具代号	模具名称	零件数量
文件编号		执行人员		
工序号	工序名称	工序内容	所需工具	装配检查记录	完成人姓名
编制者	编制时间	审核者	审核时间	批准者	批准时间

✋ **考评观测点：**

- 装配工艺卡　　　　　　　　（★★★☐　★★☐　★☐）

四、模具装配、安装和调试

以小组为单位根据制定的装配工艺流程、安装和调试流程进行协同作业，小组之间注意分工合作，详细纪录过程情况。同时，接受教师的监控和指导，关注教师的示范，并填写冲压模调试记录卡（可参考表 5-11）。

1. 模具装配
1）装配下模零件
2）组装下模部件
3）装配上模零件
4）装配上模部件
5）调整冲裁间隙

2. 模具安装
1）安装前的检查

2）安装准备
3）安装模具
3. 模具调试
1）切纸
2）固定下模
3）调试

表 5-11 冲压模调试记录卡

冲压模调试记录卡		模具代号	模具名称	零件数量
文件编号		执行人员		
调试情况				
编制者	编制时间	验收者	验收时间	批准者	批准时间

考评观测点：

模具调试记录卡　　　　　　（★★★□　★★□　★□）

五、检测装配质量、试模产品质量

在教师的监督下，小组内按产品质量检测卡的要求进行检测。接下来，小组之间相互交换，先检测模具装配质量，再检测试模产品质量，并填写产品质量检测卡（格式可参考表 5-12）。

表 5-12 质量检测卡

冲压模装配、安装质量检测卡		模具代号	模具名称	零件数量
文件编号		执行人员		
项目	细项	要求	检测值	结论
模具质量检测	件 2 与 18 的装配			
	件 10、7 与 12 的装配			
	导柱和导套装配			
	定位机构装配			
	模架			
	模具间隙			
	安装：模具闭合高度			
制件质量	外形			
	半圆			
编制者	编制时间	验收者	验收时间	批准者	批准时间

考评观测点：

产品质量检测卡　　　　　　（★★★□　★★□　★□）

六、考核评价

教师或专家根据前述考评观测点的成绩，以及学生的实训报告，给学生客观评价，并提出发展性的建议。

考评观测点：

实训报告　　　　　　　　　（★★★□　★★□　★□）
一生一卡　　　　　　　　　（★★★□　★★□　★□）

拓展练习

一、弯曲模的调试

如图 5-31 所示为简单弯曲模，由于模具弯曲工作部分的形状复杂，几何形状及尺寸精度要求较高。制造时凸、凹模工作表面的曲线和折线需用事先做好的样板及样件来控制。样板与样件的加工精度为 ±0.05mm。装配时可按冲裁模的装配方法，借助样板样件调整间隙。

为了提高制件的表面质量和模具寿命，弯曲模凸、凹模的表面粗糙度要求较高，一般 $Ra<0.04\mu m$。弯曲模模架的导柱、导套配合精度可略低于冲裁模。

制件在弯曲过程中，由于材料回弹的影响，使弯曲制件在模具中弯曲的形状与取出后的形状不一致，从而影响制件的形状及尺寸要求，又因回弹的影响因素较多，很难用设计计算的方法进行消除。所以，在模具制造时，常用试模时的回弹值修正凸模（或凹模）。为了便于修整凸模和凹模，在试模合格后，才对凸模、凹模进行热处理。另外，制件的毛坯尺寸也要经过试验后才能确定。所以，弯曲模试冲的目的是找出模具的缺陷加以修整和确定制件毛坯尺寸。

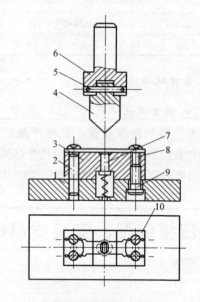

图 5-31　简单弯曲模
1—下模板　2、5—圆柱销　3—弯曲凹模
4—弯曲凸模　6—模柄　7—顶杆
8、9—螺钉　10—定位板

由于以上因素，弯曲模的调整工作比一般的冲裁模具复杂得多，弯曲模试冲时常出现的缺陷、产生原因及调整方法见表 5-13。

表 5-13　弯曲模试冲时出现的缺陷、产生原因及调整方法

缺　陷	产生原因	调整方法
弯曲制件底面不平	1）卸料杆分布不均匀，卸料时顶弯 2）压料力不够	1）均匀分布卸料杆或增加卸料杆数量 2）增加压料力

（续）

缺 陷	产生原因	调整方法
弯曲制件尺寸和形状不合格	冲压件产生回弹造成制件的不合格	1）修整凸模的角度和形状 2）增加凹模的深度 3）减少凸、凹模之间的间隙 4）弯曲前坯料退火 5）增加矫正压力
弯曲制件产生裂纹	1）弯曲变形区域内应力超过制料强度极限 2）弯曲区外侧有毛刺，造成应力集中 3）弯曲变形过大 4）弯曲线与板料的纤维方向平行 5）凸模圆角小	1）更换塑性好的材料或将材料退火后弯曲 2）减少弯曲变形量或将有毛刺一边放在弯曲内侧 3）分次弯曲，首次弯曲用较大弯曲半径 4）改变落料排样，使弯曲线与板料纤维方向成一角度 5）加大凸模圆角
弯曲制件表面擦伤或壁厚减薄	1）凹模圆角太小或表面粗糙 2）板料粘附在凹模内 3）间隙小，挤压变薄 4）压料装置压料力太大	1）加大凹模圆角，降低表面粗糙度 2）凹模表面镀铬或化学处理 3）增加间隙 4）减小压料力
弯曲件出现挠度或扭转	中性层内外变化收缩，弯曲量不一样	1）对弯曲件进行再校正 2）材料弯曲前退火处理 3）改变设计，将弹性变形设计在与挠度方向相反的方向

二、拉深模的调试

图 5-32 所示为具有压边装置的拉深模具。工作时，上模的压簧 6 和压边圈 7 首先将板料四周压住。然后，凸模 13 继续下降，将已被压边圈压紧的中间部分板料冲压进入凹模。这样在凸、凹模间隙内成形为开口空心的制件。

拉深模的凸模工作部分都是由光滑圆角组成，表面粗糙度很低，一般 $Ra = 0.32 \sim 0.04 \mu m$。拉深模具同弯曲模一样，也受着材料弹性变形的影响。所以，即使组成零件制造很精确、装配很好，拉深出的制件也不一定合格。因此，拉深模应在试冲过程中对工作部分进行修整加工，直至冲出合格制件后才进行淬硬处理。由此可见，装配过程中对凸、凹模相对位置，通过试冲后的修整是十分重要的。为了便于拉深制件的拔模，对拉深凸模要设置通气孔。

拉深模试冲的目的一是发现模具本身存在的缺陷，找出原因进行调整和修整；二是最后确定拉深前的毛坯尺寸。

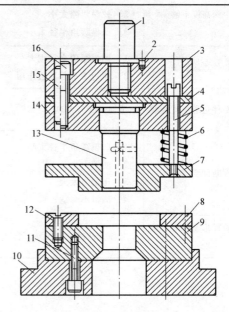

图 5-32 拉深模
1—模柄 2—定位模 3—上模板
4—上垫板 5—螺钉 6—压簧
7—压边圈 8—定位板 9—凹模
10—下模板 11、12、16—螺钉
13—凸模 14—凸模固定板 15—销钉

拉深模具试冲常见的缺陷、产生原因及调整方法见表 5-14。

表 5-14　拉深模试冲时出现的缺陷、产生原因及调整方法

缺陷	产生原因	调整方法
局部被拉裂	1）径向拉应力太大 2）凸、凹模圆角太小 3）润滑不良 4）材料塑性差	1）减小压边力 2）增大凸、凹模圆角半径 3）增加或更换润滑剂 4）用塑性好的材料
凸缘起皱且制件侧壁拉裂	压边力太小，边缘部分起皱，无法进入凹模而拉裂	加大压边力
制件底部被拉脱	凹模圆角半径太小	加大凹模圆角半径
盒形制件角部破裂	1）角部圆角太小 2）间隙太小 3）变形程度太大	1）加大凹模圆角半径 2）加大凸、凹模间隙 3）增加拉深次数
制件底部不平	1）坯料不平 2）顶杆与坯料接触面太小 3）缓冲器弹顶力不足	1）平整毛坯 2）改善顶料结构 3）增加弹顶力
制件壁部拉毛	1）模具工作部分有毛刺 2）毛坯表面有杂质	1）修光模具工作平面和圆角 2）清洁毛坯或使用干净润滑剂
拉深高度不够	1）毛坯尺寸太小 2）拉深间隙太小 3）凸模圆角半径太小	1）放大毛坯尺寸 2）调整间隙 3）加大凸模圆角半径
制件边缘折皱	1）凹模圆角半径太大 2）压边圈不起压边作用	1）减小凹模圆角半径 2）调整压边结构加大压边力
制件边缘呈锯齿状	毛坯边缘有毛刺	修整前道工序落料凹模刃口，使之间隙均匀，减少毛刺
制件断面变薄	1）凹模圆角半径太小 2）间隙太小 3）压边力太大 4）润滑不合适	1）增大凹模圆角半径 2）加大凸、凹模间隙 3）减少压边力 4）换合适润滑剂
阶梯形制件局部破裂	凹模及凸模圆角太小，加大了拉深力	加大凸模与凹模的圆角半径，减少拉深力

项目六　塑料模装配、安装与调试

【知识目标】
- ◇ 掌握塑料模的装配工艺过程。
- ◇ 熟悉导柱和导套、成型零件等典型零件的固定方法。
- ◇ 掌握注塑机结构组成。
- ◇ 掌握塑料模安装的工艺步骤及方法。
- ◇ 掌握塑料模调试的基本内容。

【能力目标】
- ◇ 具备熟练安装导柱和导套、成型零件的技能。
- ◇ 具备装配两板式塑料模的技能。
- ◇ 具备壁厚控制的技能。
- ◇ 具备操作注塑机的技能。
- ◇ 具备将塑料模安装于注塑机上,并进行试模的技能。
- ◇ 具备注塑模结构图样识读的能力。
- ◇ 具有塑料模装配工艺的设计能力。
- ◇ 通过工艺编制具备报表制作的能力。
- ◇ 通过小组协同作业增强沟通能力。
- ◇ 分析缺陷,并解决问题的能力。
- ◇ 通过反复练习养成勤奋努力的习惯。
- ◇ 通过小组协同作业养成团结协作的工作作风。
- ◇ 通过装配实训训练养成精益求精的作风。
- ◇ 通过设计装配工艺培养优化设计的意识。

理 论 知 识

一、塑料模装配技术要求

塑料模的装配与冲压模有很多相似之处,但塑料模制件是在高温、高压和粘流状态下成型,所以各相对配合零件之间的配合要求更为严格。因此,塑料模的装配工作更为重要。其装配技术要求涉及外观、成型零件和浇注系统、活动零件、紧固件、顶出机构、导向机构、温度调节系统等,具体见表 6-1。

二、成型零件的装配

塑料模具装配时,成型零件的装配质量直接关系到制件的质量。在装配时,一般先将型芯和与其配合的零件先装配成组件(或部件),再将这些组件(或部件)进行最后总装配。

表 6-1 塑料模装配技术要求

序号	项目	要求
1	外观	1）模具非工作部分的棱边应倒角 2）装配后的闭合高度安装部位的配合尺寸、顶出形式、开模距离等均应符合设计及使用设备的技术条件 3）模具装配后各分型面要配合严密 4）各零件之间的支承面要互相平行，平行度允差200mm内不大于0.05mm 5）大、中型模具应设有吊钩、吊环，以便模具安装使用 6）模具装配后需打刻度、定模方向记号、编号、图号及使用设备型号等
2	成型零件及浇注系统	1）成型零件的尺寸精度应符合设计要求 2）成型零件及浇注系统的表面应光洁，无死角、塌坑、划伤等缺陷 3）型腔分型面、浇道系统、进料口等部位，应保持锐边，不得修整为圆角 4）互相接触的型芯与型腔、挤压环、柱塞和加料室之间应有适当间隙或适当的承压面积，以防在合模时零件互相直接挤压造成损伤 5）成型有腐蚀性的塑料时，对成型表面应镀铬、抛光，以防腐蚀 6）装配后，互相配合的成型零件相对位置精度应达到设计要求，以保证成型制品尺寸、形状精度 7）拼块、镶嵌式的型腔或型芯，应保证拼接面配合严密、牢固、表面光洁、无明显接缝
3	活动零件	1）各滑动零件的配合间隙要适当，起、止位置定位要准确可靠 2）活动零件导向部位运动要平稳、灵活、互相协调一致，不得有卡紧及阻滞现象
4	锁紧及紧固零件	1）锁紧零件要紧固有力、准确、可靠 2）紧固零件要紧固有力，不得松动 3）定位零件要配合松紧合适，不得有松动现象
5	顶出机构	1）各顶出零件动作协调一致、平稳、无卡阻现象 2）有足够的强度和刚度，良好的稳定性，工作时受力均匀 3）开模时应保证制件和浇注系统的顺利脱模及取出，合模时应准确退回原始位置
6	导向机构	1）导柱、导套装配后，应垂直于模座，滑动灵活、平稳，无卡阻现象 2）导向精度要达到设计要求，对动、定模有良好导向、定位作用 3）斜导柱应具有足够的强度、刚度及耐磨性，与滑块的配合适当，导向正确 4）滑块和滑槽配合松、紧适度，动作灵活，无卡阻现象
7	加热冷却系统	1）冷却装置要安装牢固，密封可靠，不得有渗漏现象 2）加热装置安装后要保证绝缘，不得有漏电现象 3）各控制装置安装后，动作要准确、灵活、转换及时、协调一致

1. 型芯的装配

（1）小型芯的装配　图 6-1 所示为小型芯的装配方式。图 6-1a 所示装配方式的装配过程为：将型芯压入固定板，在压入过程中，要注意校正型芯的垂直度和防止型芯切坏孔壁以及使固定板变形。压入后要在平面磨床上用等高垫铁支承磨平 A 面。

图 6-1b 所示装配方式，常用于热固性塑料压模。它是采用配合螺纹进行连接装配。装配时将型芯拧紧后，用骑缝螺钉定位。这种装配方式，对某些有方向性要求的型芯会造成螺

纹拧紧后，型芯的实际位置与理想位置之间出现误差，如图 6-2 所示。α 是理想位置与实际位置之间的夹角。型芯的位置误差可以修磨固定板 a 面或型芯 b 面进行消除。修磨前要进行预装并测出 α 角度大小。a 或 b 的修磨量 Δ 按下式计算

$$\Delta = \frac{s}{36°}\alpha$$

式中　α——误差角度，单位为（°）；
　　　s——连接螺纹螺距，单位为 mm。

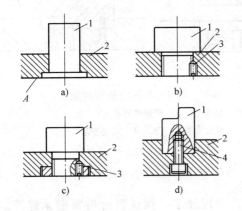

图 6-1　小型芯的装配方式
a）过渡配合装配　b）螺纹装配
c）螺母紧固装配　d）螺钉紧固装配
1—型芯　2—固定板　3—齐缝螺钉　4—螺钉

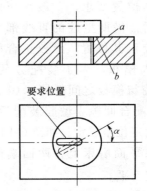

图 6-2　型芯位置误差

图 6-1c 所示为螺母装配方式，型芯连接段采用 H7/k6 或 H7/m6 配合，将型芯压入固定板孔定位，两者的连接采用螺母紧固。当型芯位置固定后，用定位螺钉定位。这种装配方式适合固定外形为任何形状的型芯及多个型芯的同时固定。

图 6-1d 所示为螺钉紧固装配方式。它是将型芯和固定板采用 H7/h6 或 H7/m6 配合将型芯压入固定板。经校正合格后用螺钉紧固。在压入过程中，应对型芯压入端的棱边修磨成小圆弧，以免切坏固定板孔壁而失去定位精度。

（2）大型芯的装配　大型芯与固定板装配时，为了便于调整型芯和型腔的相对位置，减少机械加工工作量，对面积较大而高度低的型芯一般采用如图 6-3 所示装配固定方式，其装配顺序如下：

1）在固定板上加工出型芯固定孔和通气孔。
2）在型芯压入端四周用砂轮修一段 5mm 长，2°~5°的锥角，如图 6-3a 所示。
3）将型芯调整好位置后，压入固定板，并核验型芯位置。
4）用平行夹将型芯与固定板夹紧，用螺纹底孔直径大小钻头配钻出螺钉孔位置，如图 6-3b 所示。
5）分开型芯与固定板，分别加工出所需螺纹和螺钉过孔。
6）再次将型芯压入固定板，拧紧螺钉。

2. 型腔的装配

塑料模具的型腔，一般多采用镶嵌式或拼块式。在装配后要求动、定模板的分型面接合紧密无缝隙，而且同模板平面一致。装配型腔时一般采取以下措施：

（1）型腔压入端不设压入斜度。一般将压入斜度设在模板孔上。

（2）对有方向性要求的型腔，为了保证其位置要求，一般先压入一小部分后，借助型腔的直线部分用百分表校正其位置，经校正合格后，再压入模板。为了装配方便，可采用型腔与模板之间保持0.01~0.02mm的配合间隙。型腔装配后，找正位置用定位销固定，如图6-4所示，最后在平面磨床上将两面端面和模板一起磨平。

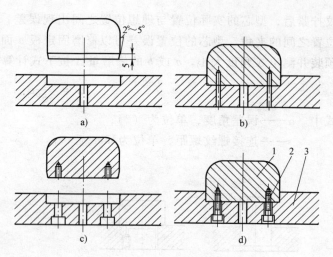

图6-3 大型芯与固定板的装配
a）修锥角 b）配钻螺钉孔 c）加工螺纹和螺钉过孔 d）固定型芯
1—大型芯 2—螺钉 3—固定板

（3）拼块型腔的装配，一般拼合面在热处理后进行加工，保证拼合后紧密无缝隙。拼块两端留余量，装配后同模板一起在平面磨床上磨平，如图6-5所示。

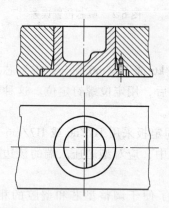

图6-4 整体镶嵌式型腔的装配

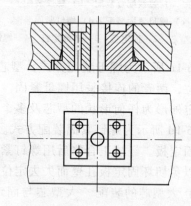

图6-5 拼块式结构的型腔

（4）对工作表面不能在热处理前加工到尺寸的型腔，如果热处理后硬度不高（如调质处理），可在装配后应用切削方法加工到要求的尺寸。如果热处理后硬度较高，只有在装配后采用电火花机床或坐标磨床对型腔进行精修达到要求。无论采用哪种方法，型腔两端面都要留余量，装配后同模具一起在平面磨床上磨平。

（5）拼块型腔在装配压入过程中，为防止拼块在压入方向上相互错位，可在压入端垫平垫板。通过平垫板将各拼块一起压入模具中，如图6-6所示。

三、型腔型芯的修磨

塑料模具装配后，有的型芯和型腔的表面或动、定模的型芯在合模状态下要求紧密接触。为了达到这一要求，一般采用装配后修磨型芯端面或型腔端面的修配法进行修磨。

如图6-7所示，型芯端面和型腔端面出现了间隙Δ，可以用以下方法进行修磨，消除间隙Δ。

1）修磨固定板平面A。拆去型芯，将固定板磨去等于间隙Δ的厚度。

2）将型腔上平面B磨去等于间隙Δ的厚度。此法不用拆去型芯较方便。

3）修磨型芯台肩面C。拆去型芯将C面磨去等于间隙Δ的厚度。将固定板D面与型芯一起磨平。

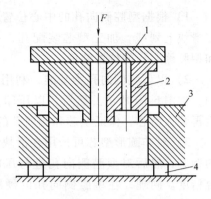

图6-6 拼块型腔的装配
1—垫板 2—型腔
3—固定板 4—等高块

如图6-8所示，装配后型腔端面与型芯固定板之间出现了间隙Δ。可采用以下修配方法。

1）修磨型芯工作面A，如图6-8a所示。对工作面A不是平面的型芯修磨复杂不适用。

2）在型芯定位台肩和固定板孔底部垫入厚度等于间隙Δ的垫片，如图6-8b所示。然后，再一起磨平固定板和型芯支承面，此法只适用于小型模具。

3）在型腔上面与固定板平面间增加垫板，如图6-8c所示。但对于垫板厚度小于2mm时不适用。一般适用于大、中型模具。

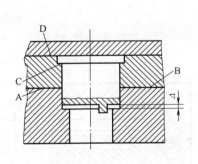

图6-7 型芯与型腔端面间隙的消除

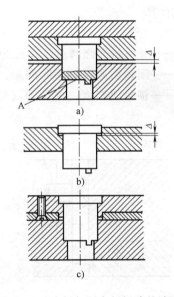

图6-8 型腔板与固定板间隙的消除
a）修磨工作面A b）垫入垫片 c）增加垫板

四、滑块抽芯机构的装配

滑块抽芯机构的作用是在模具开模后，顶出制件前，将制件的侧向型芯先行抽出。装配中的主要工作是侧向型芯的装配和锁紧位置的装配。

1. 侧向型芯的装配

侧向型芯的装配，一般是在滑块和滑槽、型腔和固定板装配后，再装配滑块上的侧向型芯，如图6-9所示。抽芯机构型芯的装配一般采用以下方式：

1) 根据型腔侧向孔的中心位置测量出尺寸 a 和尺寸 b，在滑块上划线，加工型芯装配孔，并装配型芯，保证型芯和型腔侧向孔的位置精度。

2) 以型腔侧向孔为基准，利用压印工具对滑块端面压印，如图 6-10 所示。然后，以压印为基准加工型芯配合孔后再装入型芯，保证型芯和侧向孔的配合精度。

3) 对非圆形型芯可采用在滑块上先装配留有加工余量的型芯，然后对型腔侧向孔进行压印，修磨型芯，保证配合精度。同理，在型腔侧向孔的硬度不高，可以修磨加工的情况下，也可在型腔侧向孔留修磨余量，以型芯对型腔侧向孔压印，修磨型腔侧向孔，达到配合要求。

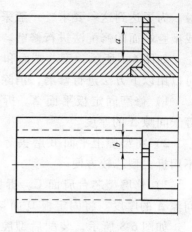

图 6-9　侧向型芯的装配

2. 锁紧位置的装配

在滑块型芯和型腔侧向孔修配密合后，便可确定锁紧块的位置。锁紧块的斜面和滑块的斜面必须均匀接触。由于零件加工和装配中存在误差，所以装配中需进行修磨。为了修磨的方便，一般是对滑块的斜面进行修磨。

模具闭合后，为保证锁紧块和滑块之间有一定的锁紧力，一般要求装配后锁紧块和滑块斜面接触后，在分模面之间留有 0.2mm 的间隙进行修配，如图 6-11 所示。滑块斜面修磨量可用下式计算

$$b = (a - 0.2)\sin\alpha$$

式中　b——滑块斜面修磨量，单位为 mm；
　　　a——闭模后测得的实际间隙，单位为 mm；
　　　α——锁紧块斜度，单位为 (°)。

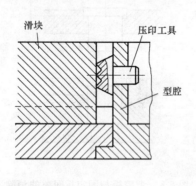

图 6-10　滑块压印

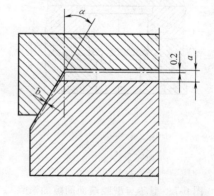

图 6-11　滑块斜面修磨量

3. 滑块的复位、定位装置装配

模具开模后，滑块在斜导柱作用下侧向抽出。为了保证合模时斜导柱能正确地进入滑块的斜导柱孔，必须对滑块设置复位、定位装置。图 6-12 所示为用定位板作滑块复位的定位装置。滑块复位的正确位置可以通过复位的定位板的接触平面进行准确调整。

如图 6-13 所示，滑块复位用滚珠、弹簧定位时，一般在装配中需要滑块上配钻位置正确的滚珠定位锥窝，以达到正确定位。锥窝可以采用划线或涂红丹粉的方法找正加工。

项目六　塑料模装配、安装与调试　　113

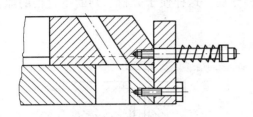

图6-12　用定位块作滑块复位的定位装置

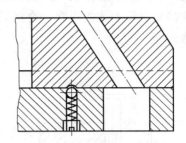

图6-13　用滚珠作滑块复位的定位装置

五、浇口套的装配

浇口套与定模板的装配，一般采用过盈配合。装配后要求浇口套与模板配合孔紧密，无缝隙，浇口套和模板孔的定位台肩应紧密贴实。装配后浇口套要高出模板平面0.02mm，如图6-14所示。为了达到以上装配要求，浇口套的压入外表面不允许设置导入斜度。压入端要磨成小圆角，以免压入时切坏模板孔壁。同时压入的轴向尺寸应留有去除圆角的修磨余量 H。

在装配时，将浇口套压入模板配合孔，使预留余量 H 突出模板之外。在平面磨床上磨平，如图6-15所示。最后将磨平的浇口套稍稍退出。再将模板磨去0.02mm，重新压入浇口套，如图6-16所示。对于台肩和定模板高出的0.02mm可采用由零件的加工精度保证。

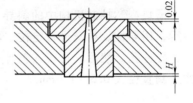

图6-14　装配后的浇口套

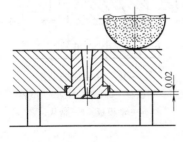

图6-15　修磨浇口套

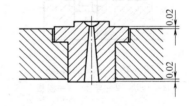

图6-16　修磨后的浇口套

六、导柱、导套的装配

导柱、导套是模具合模和开模的导向装置，它们分别安装在塑料模具的动、定模部分。制造塑料模时，若购买的是标准模架，则导柱、导套已装好。若自己制造模架时，则装配后，要求导柱、导套垂直于模板平面，并要达到设计要求的配合精度和良好的导向定位作用。一般采用压入式装配到模板的导柱、导套孔内。

对于较短的导柱，可采用如图6-17所示方式压入模板，较长导柱应在模板装配导套后，以导套将其压入模板孔内，如图6-18所示。导套压入模板，可采用图6-19所示方法。

导柱、导套装配后，应保证动模板在开模及合模时滑动灵活，无卡阻现象。如果运动不灵活，有阻滞现象，可用红丹粉涂于导柱表面，往复拉动观察阻滞部位。分析原因后，进行重新装配。装配时，应先装配距离最远的两根导柱，合格后再装配其余两根导柱。每装入每一根导柱都要进行上述的观察，合格后再装下一根导柱，这样便于分析、判断不合格的原因和及时修正。

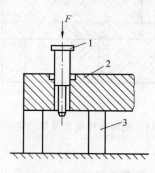

图 6-17 短导柱的装配
1—导柱 2—模板 3—等高垫块

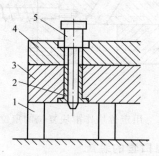

图 6-18 长导柱的装配
1—导柱 2—导套 3—定模板
4—固定板 5—等高垫块

滑块型芯抽芯机构中的斜导柱装配，如图 6-20 所示。一般是在滑块型芯和型腔装配合格后，用导柱、导套进行定位，将动、定模板，滑块合装后按所要求的角度在铣床上配加工出斜导柱孔。然后，再压入斜导柱。为了减少侧向抽芯机构的脱模力，一般斜导柱孔比斜导柱外圈直径大 0.5~1.0mm。

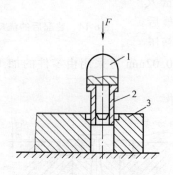

图 6-19 导套的装配
1—压块 2—导套 3—模板

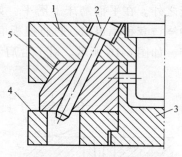

图 6-20 斜导柱的装配
1—定模板 2—斜导柱 3—型腔
4—动模板 5—滑块

七、顶出机构的装配

塑料模具的制件顶出机构，一般是由顶板、顶杆固定板、顶杆、导柱和复位杆组成，如图 6-21 所示。装配技术要求为：装配后运动灵活、无卡阻现象。顶杆在固定板孔内每边应有 0.5mm 的间隙。顶杆工作端面应高出型面 0.05~0.1mm。完成制品顶出后，应能在合模时自动退回原始位置。

顶出机构的装配顺序为：

1）先将导柱垂直压入支承板 2 并将端面与支承板一起磨平。

2）将装有导套 6 的顶杆固定板 4 套装在导柱上，并将顶杆 3、复位杆 9 穿入顶杆固定板、支承板和型腔 1 的配合孔中，盖上顶板 5，用螺钉拧紧，并调整使其运动灵活。

3）修磨顶出杆和复位杆的长度。如果顶板和垫圈 8 接触时，复位杆、顶出杆低于型面，则修磨导柱的台肩。如果顶出杆、复位杆高于型面时，则修磨顶板 5 的底面。

4) 一般使顶杆和复位杆在加工时稍长一些，装配后将多余部分磨去。

5) 修磨后的复位杆应低于分型面 0.02~0.05mm，顶杆应高于型面 0.05~0.1mm，顶杆、复位杆顶端可以倒角。

八、塑料模的安装

1. 安装前的准备工作

(1) 熟悉有关工艺文件资料　根据图样弄清模具的结构、特性及工作原理，并熟悉有关的工艺文件以及所用注射机的主要技术规格。

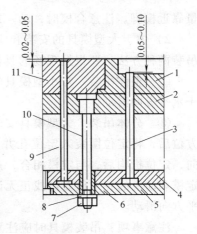

图6-21　顶出机构
1—型腔　2—支承板　3—顶杆
4—顶杆固定板　5—顶板　6—导套　7—螺母　8—垫圈　9—复位杆　10—导柱　11—固定板

(2) 检查模具　检查模具成形零件、浇注系统的表面粗糙度以及有无伤痕和塌陷；检查各运动零件的配合、起止位置是否正确，运动是否灵活。

(3) 检查安装条件　检查核对模具的闭合高度及脱模距离是否合适，安装槽（孔）位置是否正确，与注射机是否相适应。

(4) 检查设备　检查设备的油路、水路以及电器是否能正常工作。把注射机的操作开关调到点动或手动位置上，把液压系统的压力调到低压。调整好所有行程开关的位置，使动模板运行灵活。调整动模板与定模板的距离，使其在闭合状态下小于模具的闭合高度1~2mm。

(5) 检查吊装设备　检查吊装模具的设备是否安全可靠，工作范围是否满足要求。

2. 安装方法和步骤

以卧式注射机为例（图6-22）。

(1) 开机　开动注射机。使动、定模板处于开启状态。

(2) 清理杂物　清理模板平面及定位孔、模具安装面上的污物、毛刺。

(3) 吊装模具　吊装模具的工具有起重杆和起重吊环（以螺栓相连）等。吊装模具的方法如下所述：

1) 小型模具的安装和注意事项　小型模具的安装常采用整体吊装，主要有以下两种方法：

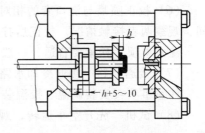

图6-22　卧式注射机的安装

一是先在机器下面两根导柱上垫好木板，模具从侧面进入机架间，定模入定位孔并校正位置，慢速闭合模板、压紧模具。然后用压板及螺钉压紧定模，初步固定动模。再慢速开启模具，找准动模位置。检查确保模具开闭时平稳、灵活、无卡滞现象后，再固定动模。

二是利用小型吊车或自制的小型龙门吊车进行模具的吊装。其方法是先把模具吊起来从上面进入机架内，定模的定位圈入定模板的定位孔，再慢速闭合模板，压紧模具，初步固定动、定模。再慢速开启模具，找准动模位置。检查确保模具开闭时平稳、灵活、无卡滞现象后，再固定动、定模。

注意事项：模具压紧应平稳可靠，压紧面积要大，压板不得倾斜，要对角压紧，压板尽量靠近模脚。注意合模时，动、定模压板不能相撞。

2）中、大型模具的安装和注意事项　吊装中、大型模具，一般来说有整体吊装和分体吊装两种方法。要根据现场的具体吊装条件确定吊装的方法。

① 整体吊装　与小型模具的安装方法相同。应注意的是，如有侧型芯滑块，要使其处于水平方向滑动。

② 分体吊装　大型模具安装常用分体安装法。先把定模从机器下方吊入机器间，调整方位后，将定位圈装入定位孔并放正，压紧定模。再将动模部分吊入，找正动定、模的导向、定位机构后，与定模相合，点动合模，并初步固定动模。然后慢速开合模具数次，确认定模和动模的相对位置已找正无误后，紧固动模。对没有侧型芯滑块的模具应使滑块处于水平方向滑动。

注意事项：吊装模具时应注意安全，两人以上操作时，必须互相呼应，统一行动。模具紧固应平稳可靠，压板要放平，不得倾斜，否则就压不紧模具，导致模具在安装时落下。要注意防止合模时动模压板和定模压板与推板、动模板相碰。

（4）调节锁模机构　按模具闭合高度、脱模距离调节锁模机构。保证有足够的开模行程和锁模力，使模具闭合后松紧适当。一般情况下，使模具闭合后分型面之间的间隙保持在0.02～0.04mm，以防止制件严重溢边，并保证型腔能适当排气。对加热模具，在模具达到预定温度后，需再调整一次，最终调定应在试模时进行。

注意事项：曲肘伸直时，应先快后慢，既不能太松弛，也不能太涩滞。

（5）调整推杆顶出距离　模具紧固后，慢速开模，直到动模板停止后退。这时调节推杆位置，使模具上的推板与模体之间尚留5～10mm的间隙，以防止顶坏模具，而又能顶出制件并保证顶出距离。开合模具观察推出机构动作是否平稳、灵活，复位机构动作是否协调、正确。

注意事项：开合模具时，顶出机构应动作平稳、灵活，复位机构应协调、可靠。

（6）校正喷嘴与浇口套的相对位置及弧面接触情况　可用一纸片放在喷嘴及浇口套之间，观察两者接触情况。校正后拧紧注射座定位螺钉，紧固定位。

注意事项：松紧要合适，一般保持间隙在0.02～0.04mm。

（7）接通回路　接通冷却水路及加热系统。水路应通畅，电加热器应按额定电流接通。

注意事项：安装调温、控温装置以控制温度；电路系统要严防漏电。

（8）试机　先开空车运转，观察模具各部位运行是否正常，确认可靠后，才可注射试模。

注意事项：注意安全，试机前一定要将工作场地清理干净。

九、塑料模的调试

1. 物料塑化程度的判断

在正式开机试模前，要根据制品所选用原料和推荐的工艺温度，对注射机料筒和喷嘴进行加热。由于它们大小、形状、壁厚不同，设备上热电偶检测精度和温度仪表的精度不同，其温度控制的误差也不一样，一般是选择制品物料的常规工艺温度进行加热，再根据设备的具体条件进行试调。常用的判断物料温度是否合适的办法是将料筒、喷嘴和浇口套主流道脱开，用低压、低速注射，使料流从喷嘴中慢慢流出。观察料流情况，如果没有气泡、银丝、变色，且料流光滑、明亮即认为料筒和喷嘴温度合适，便可开机试模。

2. 试模注射压力、注射时间、注射温度的调整

开始注射时，对注射压力、注射时间、注射温度的调整顺序为：先选择较低注射压力、较低的温度和较长的时间进行注射成型。如果制品充不满，再提高注射压力。当提高注射压力仍然效果不好时，才考虑变动注射时间和温度。注射时间增加后，等于使塑料在料筒内的时间延长，提高了塑化程度。这样再注射几次，如果仍然无法充满型腔，再考虑提高料筒的温度。料筒温度要逐渐提高，不要一次提高太多，以免使物料过热，甚至降解。同时，料筒温度提高需经过一定时间才能达到料筒内外温度一致。根据设备大小及加热装置不同，所需加热时间也不同，一般中、小设备15min左右。最好达到温度后要保温一段时间才行。

3. 注射速度、背压、加料方式的选择

一般注射机有高速注射和低速注射两种速度。在成型薄壁、大面积制品时，采用高速注射，对壁厚、面积小的制品则采用低速注射。如果高速和低速注射都可以充满型腔，除纤维增强的塑料外，宜采用低速注射。

加料背压大小，主要与物料粘度高低及热稳定性好坏有关。对粘度高、热稳定性差的物料，宜采用较低的螺杆转速和低的背压力加料及预塑；对粘度低、热稳定性好的物料，则宜采用高的螺杆转速和略高的背压力。

在喷嘴温度合适的情况下，固定喷嘴温度可提高生产效率。但当喷嘴温度太低或太高时，宜采用每次注射完毕后，注射系统向后移动后加料。

试模时，物判性质、制品尺寸、形状、工艺参数差异较大，需根据不同的情况仔细分析后，确定各参数。

试模时易产生的缺陷及原因见表6-2。

表6-2 试模时易产生的缺陷及原因

原因＼缺陷	制品不足	溢边	凹痕	银丝	熔接痕	气泡	裂纹	翘曲变形
料筒温度太高		✓	✓	✓		✓		✓
料筒温度太低	✓				✓		✓	
注射压力太高		✓					✓	✓
注射压力太低	✓		✓		✓	✓		
模具温度太高								✓
模具温度太低	✓		✓		✓	✓	✓	
注射速度太慢	✓							
注射时间太长			✓			✓		
注射速度太快	✓			✓		✓		
成型周期太长		✓	✓					
加料太多		✓						
加料太少	✓		✓					
原料水分过多								
分流道或浇口太小	✓		✓	✓	✓			
模控排气不好	✓			✓		✓		
制件太薄	✓							
制件太厚或变化大			✓			✓		✓
成型机能力不足	✓		✓					
锁模力不足		✓						

任 务 实 施

一、任务分析

教师发放任务说明书,学生接收并研读说明书,确认本技能训练的项目任务为装配如图 6-23 所示的两板式注塑模,明确该项目任务内容和目标。

明确该模具的结构组成:该模具分为动模和定模两个部分,定模部分包括浇口套 1、销钉 2、螺钉 4、定模座板 5、定模板 6、导柱 21、导套 20,动模部分包括推板 7、动模板 8、支撑板 9、复位杆 10、螺钉 11、垫块 12、动模座板 13、推板 14、螺钉 15、推杆固定板 16、推板导柱 17、拉料杆 18、导套 19。

研讨模具工作原理,理解两板式注塑模的每个零部件的功用。

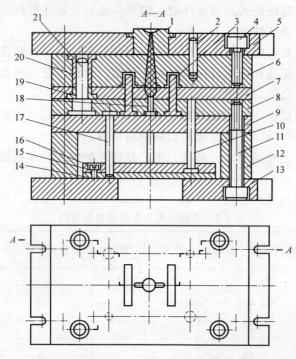

图 6-23 两板式注塑模
1—浇口套件 2—销钉 3—型芯 4、11、15—螺钉 5—定模座板 6—定模板 7—动模部分
8—动模板 9—支撑板 10—复位件 12—垫块 13—动模座板 14—推板 16—推杆固定板
17—推板导柱 18—拉料杆 19—导套 20—导套 21—导柱

二、制订工作计划

讨论装配方法,制定小组成员的作业计划(可参考表 5-8)。

研读并巩固前面的"理论知识"部分内容,结合教师发放的学习操作说明书,编制材料和工具清单(可参考表 5-9)。

考评观测点:

- 小组工作计划　　　　　　　　(★★★□　★★□　★□)
- 材料和工具清单　　　　　　　(★★★□　★★□　★□)

三、设计装配工艺流程

讨论装配工艺路线，并编制装配工艺顺序卡（小组讨论编制），根据模具安装和调试的要求，设计安装和试模纪录卡（小组讨论编制），反复检查后交指导老师审核并确认。

可以参考如下工艺顺序：

1. 装配工艺

讨论装配工艺路线，并编制装配工艺顺序卡（小组讨论编制），反复审核后上交教师审核并确认。

该操作路线可参考下列路线：

（1）装配动模部分

1）装配型芯、导柱。

2）装配型芯固定板、支承板、垫板和动模固定板。

3）装配推件板。

3）装配制件顶出机构。

（2）装配定模部分

1）装配浇口套、导套。

2）装配装配定模板、型腔板。

2. 试模工艺

根据模具安装和调试的要求，设计安装和试模纪录卡（小组讨论编制）。

考评观测点：

  工艺顺序卡　　　　　　　　（★★★□　★★□　★□）

四、装配、安装和调试

以小组为单位根据制定的装配工艺流程、安装和调试流程进行协同作业，小组之间注意分工合作，详细纪录过程情况。同时，接受教师的监控和指导，关注教师的示范，并填写塑料模调试记录卡（可参考表6-3）。

表6-3　塑料模调试记录卡

模具：		编号：		日期：	
产品名称：		塑料名称：		颜色：	
注塑机类：[　]t		总周期：[　]s		次数：	
塑料批号：		色粉编号：			
模具实况（如有以下现象打"×"）					
开模困难		断顶针		走胶困难		合模不紧贴	
顶针不顺		顶针板变形		背压压力大		擦穿位披锋	
粘前模		夹水纹		断水口		颜色不对	
粘后模		缩水		纤维浮面		走胶不齐	
粘水口		烧焦		软胶脱胶		夹口线不平	
粘骨位		拖花		胶件变形		碰穿位不穿	
气纹严重		柱位披锋		顶白		光身	
困气		分型面披锋		气泡		波浪纹	
气花		顶针披锋		混色		碰穿位披锋	
蛇仔纹		行位披锋		骨位发白			

（续）

试模运作条件																	
温度/℃			压力/MPa							射速/（mm/min）				计量	切换，残量/mm		保压位置
NH	H3	H2	H1	P1	P2	P3	P4	HP1	HP2	HP3	V1	V2	V3	V4	S	S1	S2	S3	S4	S0
回胶速度/(mm/s)	注塑时间/s		烤料		模温		运水/油		试模结论：
	背压		射胶		保压		冷却		
	中间	周期	时间/h		温度/℃		前模	后模	

☞ 试模纪录卡　　　　　　　　（★★★□　★★□　★□）

五、检测装配质量、试模产品质量

在教师的监督下，小组内按表6-4检测关键要求，并填写产品质量检测卡。小组之间再相互交换，先检测模具装配质量，再检测试模产品质量，并填写产品质量检测卡（格式可参考表6-5）。

表6-4　检测关键要求

序号	项目	主要检测点
1	外观装配	1）模具装配后各分型面要配合严密 2）零件之间的支承面平行度允差200mm内不大于0.05mm
2	成型零件浇注系统	表面光洁，无死角、塌坑、划伤等缺陷
3	活动零件	1）配合间隙要适当，起、止位置定位要准确可靠 2）运动要平稳、灵活、互相协调一致，不得有卡紧及阻滞现象
4	紧固零件	紧固有力、准确、可靠
5	顶出机构	各顶出零件动作协调一致、平稳、无卡阻现象
6	导向机构	滑动灵活、平稳，无卡阻现象
7	加热冷却系统	安装牢固，密封可靠，不得有渗漏现象

表6-5　产品质量检测卡

塑料模产品质量检测		模具代号	模具名称	零件数量
文件编号		执行人员		
项目	细项	要求	检测值	结论
模具质量检测	外观：平行度允许200mm内不大于0.05mm			
	成型零件			
	浇注系统			
	活动零件			
	锁紧及紧固零件			
	顶出机构			
	导向机构			
	其他			
制件质量	产品尺寸			
	产品外观			
编制者	编制时间	验收者	验收时间	批准者	批准时间

项目六　塑料模装配、安装与调试　　　121

☝ *考评观测点*：

✎　产品质量检测卡　　　　　　（★★★□　★★□　★□）

六、考核评价

教师或专家根据前述考评观测点的成绩，以及学生的实训报告，给学生客观评价，并提出发展性的建议。

☝ *考评观测点*：

✎　实训报告　　　　　　　　　（★★★□　★★□　★□）
✎　一生一卡　　　　　　　　　（★★★□　★★□　★□）

拓 展 练 习

图 6-24 为三板注塑模，试在老师的指导下小组探讨其装配工艺。

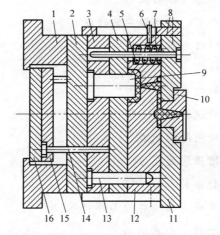

图 6-24　三板注塑模
1—模脚　2—支承板　3—动模板　4—推件板　5、13—导柱　6—限位销　7—弹簧　8—定距拉杆
9—型芯　10—浇口套　11—定模板　12—中间板　14—推杆　15—推杆固定板　16—推板

项目七 模具维修

【知识目标】
- ◇ 理解模具维护和修配的意义和内容。
- ◇ 理解如何合理使用和正确维护模具。
- ◇ 理解模具技术状态鉴定的目的。
- ◇ 掌握模具修配的工艺过程。

【能力目标】
- ◇ 具备通过试模进行模具鉴定的技能。
- ◇ 具备编制模具修配工艺过程的技能。
- ◇ 具备修磨变钝了的凸模、凹模刃口的技能。
- ◇ 具备修理损坏了的螺钉与销钉的技能。
- ◇ 具备维修塑料模的技能。
- ◇ 具备模具技术鉴定的能力。
- ◇ 具有修检模具工艺的设计能力
- ◇ 具备解决问题和分析问题的能力。
- ◇ 通过小组协同作业增强沟通能力。
- ◇ 通过反复练习养成勤奋努力的习惯。
- ◇ 通过小组协同作业养成团结协作的工作作风。
- ◇ 具有人身和财产保护的安全意识。
- ◇ 通过修配训练培养资源节约的意识。

理 论 知 识

一、模具维护保养的意义与内容

模具是比较精密又比较复杂的生产工艺装备。一般说来，它的制造周期较长，生产成本较高，并且是在极其恶劣的环境中工作。在使用时。模具经常会受到突如其来的冲击力、剪切力、摩擦力和热变交换应力的冲击。因此，模具在使用一段时间后，其工作部分、导向部位及静止配合部位都会逐渐被磨损或损坏，使模具功能下降，影响了制品零件质量，进而还会造成停工，甚至会发生严重安全事故。为了使模具在使用过程中能正常工作，始终保持良好的技术性能状态，确保生产稳定，提高制品质量，延长模具使用寿命，对模具必须精心的维护和保养。同时，在生产中贯彻执行一套切实可行的使用、维护、保养、管理模具的组织和措施，不但能提高模具的耐用度和精度等级，而且也是保证产品质量、降低制件成本、确保安全、文明生产的有效途径之一。

所以，维护保养与修配不仅是一项必不可少的工作，而且也是一项企业管理工作的重要组成部分，有着很现实的重要意义。

模具的日常维护与保养内容很多，主要包括以下几个方面：

1）模具的技术资料保管。
2）模具的技术状态鉴定。
3）模具的修配加工工艺的编制。
4）模具的维护性修理。
5）模具的检修计划、加工管理。
6）修理加工工时定额制定。
7）模具的入库与发放。
8）模具的保管及保养方法。
9）模具的报废处理。
10）模具易损零件的制备。

二、合理使用和正确维护模具

模具的使用寿命是在模具的使用过程中体现出来的。因此，要提高模具耐用度，延长模具的使用寿命，必须合理使用和正确维护、保养模具，并且使其维护和保养工作始终贯穿在模具使用、修理和保管的各个环节中。

1）使用模具时，要对照工艺文件首先检查所用模具和选用的设备是否正确。在使用前应了解、掌握模具的使用性能和结构特点，并检查模具是否完好。
2）正确安装和调整模具。
3）在正式开机使用模具前要检查模具内外有无异物、毛坯有无异常情况。
4）使用中要正确进行工艺操作，遵守操作规程。
5）对热作模具，如锻模、压铸模等应给予合理的预热。
6）对于在工作中需要冷却的模具，如注射模、压铸模、锻模等应给予合理的冷却。
7）在使用中应定时润滑模具工作零件表面和活动配合，并且要选用合适的润滑剂，制定润滑工艺，做到合理、正确的润滑。
8）模具在制造至使用期间，应解决包装和运输问题，防止模具的锈蚀、变形和碰伤。
9）模具使用后应擦拭干净，并涂油防锈，完整及时地交回模具库或送往指定的存放地点保管，并要做好标记，采取防锈措施加以保护。
10）为避免卸料装置或刃口、型腔表面长期受压而失效，模具存放保管期间必须要加限位木块限位保存。
11）某些模具在使用中会产生残余内应力，应在使用一段时间后，采取必要的去应力措施。
12）模具工作表面，如刃口、型腔工作时出现划伤或表面粗糙度值变大时，应及时进行研磨或抛光，严防带病运转，以免缺陷进一步扩大，加速模具的损坏。
13）模具的吊运、安装应稳妥，慢起、轻放，绝不能硬磕硬碰，以免损坏模具。
14）要定期对模具进行技术状态鉴定，定期检修，保持和提高模具的精度及工作性能的稳定性。
15）模具入库保管时，要进行认真仔细的检查，做好入库前试模和验收或检验记录，最好附有样件制品同时保管。

16) 模具保管时必须进行分类管理，建立健全保管档案，由专人保管。

17) 存放模具的地点及模具库应干燥通风，防止潮湿。

18) 模具存放时，中、小型模具最好放在架上，大型模具也应用木块垫起，严防模具与地面直接接触保存，以防受潮、生锈。

三、模具技术鉴定

1. 模具技术状态鉴定的目的

模具在使用过程中，由于零件的自然磨损、模具制造工艺不合理、模具在设备上安装或使用不当以及设备发生故障等原因，都会使模具的主要零部件失去原有的使用性能和精度，致使模具技术状态和性能长期使用而日趋恶化，影响生产的正常进行，使产品质量下降。所以在模具管理上，必须要主动地掌握模具的这些技术状态变化，并认真地予以处理和预防，以使模具能始终保持在良好状态下工作，压制出合格的制品零件来。

此外，通过对模具的技术状态鉴定，可以及时发现模具缺陷部位、磨损程度、损坏原因，以便及时地定出修理方案和维修方法，不至于影响生产的正常进行。同时，这对延长模具的使用寿命、降低生产成本以及提高模具质量及技术制造水平也是十分必要的。

2. 模具的技术状态鉴定方法

模具的技术状态鉴定一般分两种情况，即新模具制成和模具经检修后。模具的技术状态是通过试模来鉴定的，而在使用中模具的技术鉴定主要通过对制件的质量状况以及对模具的工作状态检查来进行。

(1) 模具的工作性能检查　模具在使用过程中或使用后入库保存之前，应对模具的性能及工作状态进行详细的检查。具体检查方法如下：

1) 模具成形零件的检查　模具在工作中和工作后，结合制件的质量情况，对其工作主件如凸、凹模、型腔、型芯进行严格检验，如有无裂纹、刮伤和磨损；凸、凹模的间隙是否均匀；冲裁模的刃口是否锋利；型腔模的型腔、型芯表面粗糙度值是否增大等。

2) 导向装置的检查　检查模具的导向装置，如导柱、导销或导套是否有严重磨损；其配合间隙是否正常；动作是否灵活、协调；安装在模板上的固定部位是否牢靠。

3) 卸料及推件装置的检查　检查模具的推件及卸料装置的动作是否灵敏可靠；顶件杆、复位杆有没有歪曲偏斜，有没有折断、弯曲，推件板是否平稳；冲模用的卸料弹簧及橡皮弹力是否足够，工作起来有无严重磨损，变形及是否平稳。

4) 定位装置的检查　检查模具的定位装置是否可靠；冷冲模的定位销及定位板有无松动情况及严重磨损。如果在结合制件检查时，发现制品的外形及孔位发生变化及质量不合要求，则肯定是定位装置出了毛病，应严格查找原因。

5) 模具辅助系统检查　检查压缩模、注射模、压铸模等加热系统是否工作正常，冷却水管是否通畅。

6) 安全防护装置检查　在某些模具中，为使工作时安全可靠，一般都设有安全防护装置。应对其使用的可靠性严格检查，以防发生人身伤害事故。

7) 自动系统检查　在某些自动模具中，应检查自动系统的各零件是否有损坏，动作是否协调，能否自动做正常的送料和退料。

8) 排气系统检查　对于在工作中需要排气的模具，如压铸模、塑料模、拉深模，应检查其排气孔、溢流槽等是否有堵塞和通气不畅现象。

通过上述对模具工作过程中及工作后的检查，来确认模具技术状态的良好程度，以提出修、存或报废的处理意见。

(2) 制品的质量检查　前述已知：制品与制件的质量精度直接反映出模具的质量与精度的高低，制件的质量是模具技术状态优劣的具体体现，也是模具验收的依据。因此，在模具使用过程中，应经常对制品进行抽样检查，以监控模具的技术状态及运行情况。

制品的检查可以分 3 个阶段进行：

第 1 阶段：模具安装后开始作业的抽样检查。在模具安装后，先试压几个件，并对其尺寸、外形进行检查，合格后再投入批量生产。在检查时，最好与前次模具入库时存放的试样进行对比，以此推测模具安装的正确与否。

第 2 阶段：模具使用过程中的抽样检查。在模具工作过程中，应定时抽样进行检查，以随时掌握模具在运行过程中制品质量的变化，从而推断模具技术状态的变化及使用性能状况和磨损程度，以便及时处理。

第 3 阶段：模具使用后的末件检查。模具使用后，应对模具最后完成的几个件进行检查，以确定模具使用后技术状态，决定检修与存留。

制件质量检查的主要内容是：制件尺寸精度、制件形状及表面质量是否符合图样所规定的要求。

上述 3 个阶段的检查分别发挥着不同的作用，其主要目的是监控模具运行中的技术状态、保证制品质量，最大限度地延长模具使用寿命，避免制件出现废品与缺陷。同时，也为模具的修配提供技术上必要的依据。

四、模具修配的工艺过程

模具使用一段时间后，由于零件的自然磨损，使用方法及操作的失误而使模具失效，造成产品质量的下降，给生产带来严重的影响。为了使模具能恢复到原来的技术状态和性能，必须对模具进行有计划、有组织的检修，以延长模具的使用寿命，减少因模具的故障而使制品零件质量下降或产生废品。这对于提高生产率、降低制件成本，都有着非常重要的意义。模具的修配是生产过程中一项非常重要的工作，也是企业管理的重要组成部分。

在一般使用模具生产制件的工厂，都配备了模具维修专职人员或模具维修班组，专门负责模具的维修和监护。这对保障模具正常生产，延长模具使用寿命起到了积极促进作用。模具的修配工艺过程，一般包括如下几方面内容：

(1) 分析模具要修理的原因，做好修理前的准备工作

1) 熟悉要修模具的结构特点及动作原理。
2) 了解模具修理前的所制制品质量情况，分析造成模具失效的原因。
3) 确定模具修理部位，仔细观察模具损坏及破损情况。
4) 制定修理工艺方案。
5) 根据修理工艺方案，准备好必要的修理工具或备件。

(2) 进行修配

1) 对模具进一步检查，对影响制品质量的部位或破损部位进行拆卸。
2) 清洗被拆卸下的零件，并核查修理方案的正确性。
3) 配备及修整破损零件，使其达到原设计要求。

4）更换修配后的模具零件，重新装配模具。

5）对修配后的模具进行试模和调整。

6）检查修配试模后的制品零件，若达到原来精度要求，将修配后的模具交付使用。

五、模具随机修理的方法

模具在使用一段时间后，其零件会逐渐损坏，进而造成模具工作性能和精度降低。有时由于操作者的粗心及维护不当，也会使模具被损坏或造成产品质量下降，甚至会影响生产的正常进行。因此，必须做到模具随时发生故障，能随时处理和修复，使其能尽量地恢复正常使用。

对于模具在工作中随时出现的毛病，可不必卸下模具，可在机床上随机进行修理。对于在机床上无法进行修理的，应卸下模具，由维修钳工进行修配。模具随机故障的修理内容和方法主要包括以下几方面：

（1）更换易损零件　在制造模具时，对于批量较大的制品零件模具，均需加工出备件，以便在损坏时，能立即更换。如模具的定位零件、连续模的导料板、挡料块、各类模具的顶件杆、塑料模的型芯及镶块等。这类零件由于长期使用，经常会被磨损和损坏，影响制品质量。故模具在工作一段时间以后，应该随时检查，若发现失去原有工作性能或裂损、弯曲后，应立即将备件更换上，以保证模具的正常使用。

（2）刃磨凸、凹模刃口　冲裁模的凸、凹模刃口，由于长期使用而被磨损变得不锋利，至使制品常发现明显的毛刺及撕裂，影响制件质量。此时，应用油石在刃口上轻轻地刃磨，或卸下凹模、凸模在平面磨床上刃磨后，再安装继续使用。

（3）调整卸料及推出机构　凸、凹模刃口刃磨后，会使冲模闭合高度降低，致使复合模中的卸料螺钉及卸料器与凸、凹模不在同一平面上，若继续冲压时，会使卸料弹簧受力变形。为了消除这种现象，在凸、凹模经一定的刃磨次数后，应在凸模底部加一垫板，以保持原来的卸料器位置和高度。

（4）磨修与抛光　拉深、弯曲及型腔模，由于工作中长期被磨损或表面质量降低及出现划痕，会影响制品的表面质量。因此，模具工作一段时间后，需对工作零件表面及型腔进行抛光、研磨。随机抛光时，可采用油石或细砂纸，在型腔表面轻轻抛光，然后用氧化铬抛光。

（5）紧固模具　无论何种模具，在使用一段时间以后，由于振动或冲击，都会使螺钉松动失去紧固作用。因此，模具在使用过程中应随时检查螺钉紧固情况，发现松动后，应及时紧固。

（6）调整定位器　模具由于长期使用和振动冲击，定位器位置很容易发生变化，故应随时检查，随时修正。

六、随机修磨变钝了的凸、凹模刃口

冲裁模在使用过程中，常会出现崩刃或裂纹等弊病，使凸、凹模的刃口变钝，致使制品出现很大毛刺。此时，必须对凸、凹模进行随机刃磨，其刃磨主要采用以下方法：

1. 用油石或风动砂轮磨修

模具在使用过程中，如果发现凸、凹模崩刃或裂纹较轻微或较小，可用油石和风动砂轮进行修磨。其修磨的方法是：先用风动砂轮将崩刃或裂纹部位不规则断面修磨成圆滑过度的断面，如图7-1所示，然后用油石仔细加以研磨，特别是刃口的直壁，一定要研磨光洁。

修磨时，凸、凹模可不必从机床上卸下，直接在机床上修磨。在使用风动砂轮时，磨削的压力要轻，不要用力太大，并且移动速度要缓慢，随时观察修磨部位的状况，严防崩刃的金属伤人。同时，也要防止修磨部位由于温度过热而发生退火现象。

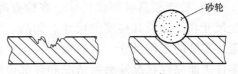

图7-1　刃口修磨

在操作时，一定要仔细，以使刃口恢复到原有的锋利程度和表面质量等级。

2. 利用平面磨床刃磨

假如崩刃和裂纹较大时，可以将损坏部位从压力机上卸下，利用平面磨床磨修后再安装上继续使用。但在刃磨时，应注意以下事宜：

直径或断面较小的凸模，特别是对同一模具多个小凸模的刃磨，应采用较小的背吃刀量，以防变形。其预防变形的方法是：

（1）利用带有导向作用的卸料板保护　如图7-2所示，在刃磨时卸料板不拆去，用来保护凸模。这时，可在卸料板螺钉头部加一垫圈，使小凸模高于卸料板平面以便于刃磨。刃磨后再将垫圈拆去，重新装在压力机上，继续使用或生产。

（2）利用顶件器保护　对于带有小凸模的小间隙复合模，刃磨时，在凹模中留一制件不退出，用来防止砂轮粉末进入顶件器与凹模的空隙中，并对小凸模起保护作用，如图7-3所示的磨削方法。

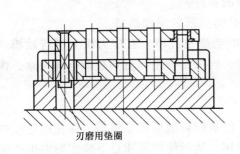

图7-2　用卸料板保护小凸模

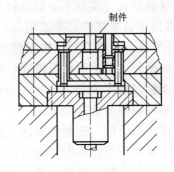

图7-3　用顶件器保护小凸模

在磨削凹模刃口时，可以将下模卸下，在平面磨床上磨后再重新安装到压力机上，和上模配装调整后继续使用。但在平磨时背吃刀量一定要小，防止背吃刀量大出现刃口崩裂或产生新裂纹。

七、模具的检修方法和步骤

模具在检修时，由于其结构及所出现的故障不同，所以检修的方法与步骤也不尽相同。

1. 模具的检修方法

模具的检修一般采用两种方法：即嵌镶法和更新法。嵌镶法即在模具部分部位损坏时，在原件的基体上嵌镶一块相应形状的镶块，经修磨后达到原尺寸精度和形状。

更新法是指将零件更换为新的备件，并要符合原被损零件的形状和精度。

2. 模具的检修步骤

模具的检修步骤如下所述：

1) 模具在检修前，一定要将模具擦拭干净，去掉油污及杂物。

2）检查模具各部位尺寸。在检查时，按模具的总装配图及部件图，分别检查其基准定位尺寸和决定模具精度的尺寸。如凸、凹模尺寸，型腔、型芯尺寸，凸、凹模配合间隙以及定位零件的定位尺寸。最后检查一下定位零件，卸、退料及推件零件，导向零件及其他相关零件表面完好状况及磨损情况和各部位配合精度情况。

3）在检验和测量零部件的同时，将查出的毛病和缺陷随时记录下来，并编制修理卡片及确定修理方案。

修理卡片主要包括如下内容：

① 模具的名称、图号及破损日期。
② 模具检修的原因及制品发生故障时的质量状况。
③ 模具检查结果及主要弊病所在。
④ 确定模具修理方案，如是否更换备件、修配工艺方法、调整与试模程序等。
⑤ 修理后的模具试模结果及试件误差分析等项内容。

4）确定模具的拆卸部位。按检查出来的毛病，确定模具需修理的拆卸部位。修理时，尽量做到不需要拆卸的部位或不用全部拆卸就可以修理的毛病，尽量不必进行整个模具的主体拆卸，以减少整个模具的装配时间，保持原来技术状态和减少对模具各部位再次进行调整与研配的麻烦。

5）将需要修理或更换的零部件取出，根据其毛病大小，按修理卡片所规定的内容进行妥善地修复和补救，实在不能继续使用的可更换新的备件。

6）将损坏的零部件更换或维修后，再进行模具的重新装配和调整。

7）在修理、调整之后，根据修理卡片上记载的毛病及故障，在压力机上进行试模。检查试模后的制品，看毛病是否消除。若仍未能消除，再进行修整，直到故障全部排除，恢复到原来的质量与精度为止。

八、塑料模的维修

塑料模分压缩模、挤塑模和注射模几个类型。经装配调试后的塑料模，在使用过程中由于自然磨损或使用操作不当，常会产生不正常的损坏，从而使产品质量下降或影响生产的正常进行，故必须进行模具的检修。

塑料模不正常的损坏，主要是由以下几方面因素引起的：

1）操作时，镶件未放稳就合模，使模具局部型腔被损坏。
2）模具的型芯较细，在压制或注射时，被塑料流冲歪斜，或塑件脱模时困难而用锤重力敲击使型芯弯曲，进而难以成形或产品质量不合要求。
3）分型面使用一段时间后，合模后不严密，溢边太厚，影响了塑件质量。
4）型腔由于长期受塑件摩擦和热冲击，表面质量下降，使制品表面粗糙度升高。
5）模具由于长期使用冲击后，紧固零件及定位圆柱销松动，而使模具零件发生位移，影响了产品质量。
6）模具机体内导向零件、推件装置磨损后动作失灵，影响制件质量及难以脱模。

当塑料模在使用过程中，发生上述不正常现象时，一般需进行局部修复。其修复的方法是：

1）模具在工作一段时间后，一定要检查紧固零件及定位圆柱销紧固程度，必要时应再重新紧固，以防发生模具零件因松动而产生的位置偏移，影响产品质量与精度。

2) 模具在使用一段时间后，要定期对型腔与型芯进行抛光，以保持原有粗糙度等级，不使制品表面质量下降。在有可能的情况下，最好将型腔抛光镀硬铬，这样会使表面质量收到更好的检修效果。

3) 如果模具的分型面不严密，溢料太多，可将模具卸下，将分型面磨平后再把型腔加工到一定深度。

4) 对于被损坏的型腔和型芯，若未经淬火，可用铜焊或局部嵌镶的方法修复；对经淬火的型腔，可采用环氧树脂粘补的方法修补被损坏部位。但无论采用何种方法，修补后必须要进行修磨、抛光，尽量使其恢复到原来的技术状态。

5) 对于修理无望的模具零件，如细小型芯，弯曲的推料杆等，可更换新的备件。

九、螺钉及螺纹孔修理

1. 修理螺钉

模具中的螺钉及螺栓从冲模中卸下后若发现弯曲时，一般都应更换新的。但对于比较大的螺钉及螺栓件更换新的是不经济的，这时可以对其进行矫直修整。修整的方法是：将螺栓或螺钉从冲模中卸下后用汽油及煤油清洗干净，然后用同样规格的螺母夹紧在台钳上，并把弯曲了的螺钉或螺栓拧进螺母中，一直拧到弯曲部位。这时，可用铜锤或木锤轻轻地敲打螺钉头部，直到将其矫直为止。调整弯曲的螺钉，也可以用下述方法：即把两个同样螺纹规格的螺母同时拧进弯曲了的螺栓及螺钉中，使其一个拧到弯曲部位，而另一个拧到头部使其与螺母形成两个支点放在平台上，用锤子敲打中部螺母直到调直为止。

采用上述方法时，一定要注意所用的螺母与螺钉本身的螺母直径应基本相同，不能相差太大。若相差太大，在调直时会起到相反的效果。

2. 修理损坏了的螺纹孔

模具零件的螺纹孔，由于长期承受振动、冲击等影响而会被磨损，失去了紧固作用，故必须对其进行修理。其修理的方法如下：

1) 扩孔。使其变为大直径规格的螺纹孔。如螺纹孔或过孔被磨损后，可以用比其直径大一规格的钻头将原螺纹孔扩大，然后再用规格比原来大的丝锥重新攻螺纹孔，换取较大规格的螺钉即可重新装配、使用。

2) 用圆柱塞塞拼损坏了的螺纹孔，重新攻原来的螺纹孔。用这种方法修理比前一种方法省事，但牢固性及耐用度较差。

在一般情况下，对于大中型模具或比较精密的模具采用第一种方法，而对一般要求不太高的模具，采用第二种方法修理。

十、磨损圆柱销孔修理

模具主体零件的圆柱销孔与圆柱销加工成 IT6 级精度过盈配合，主要起定位作用。但由于模具长期使用受到冲击振动的影响，会发生松动，使配合精度降低，进而引起模具零件间发生位移，影响了模具的稳定性。这时，必须进行修整。其修理的方法如下：

(1) 更换直径比较大的销钉　若在同一固定系统上的销钉孔，如冷冲模的凸模固定板、垫板、上模板上的某一个同一位置上的销孔同时加大或破损，可以将此孔用钻头扩大，并用铰刀精铰后，更换相应直径的圆柱销进行修复。这样做的结果，牢固可靠，且定位精度较高。

(2) 加螺纹修理重新钻孔　若是某一个零件中的销钉孔损坏，则可以将该孔扩大并攻螺纹，拧上塞柱后重新在塞柱上钻铰原直径销孔，用原来销钉与其他零件紧固。采用这种方法尽管省事，但牢固、稳定性较差，如图7-4所示。

十一、冲模定位零件修理

冲模的定位零件，对于冲裁质量有很大的影响。定位零件的定位正确，则冲件的质量及精度就高。定位零件在工作中，由于其直接和条料接触，因此很容易被条料磨损及损坏。损坏了的定位销及定位钉，一般都必须更换新的。在更换后，一定要注意调整。

在连续模中，导料板和挡块由于长期的使用，很容易被磨损变形造成送料位置的改变，影响了冲裁质量。在修理时，可以把其从冲模中卸下进行仔细的检查，如发现挡块松动，可以重新调整紧固。如导料板磨损，应在磨床上磨平并调整位置后继续使用。如局部磨损则可补焊后磨平继续使用。

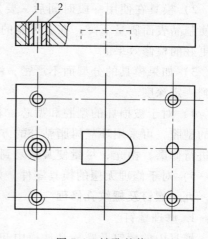

图7-4 销孔的修理
1—模体 2—螺纹塞柱

在更换新的定位零件后要经过试冲。有时，由于定位销的孔因逐渐磨损而加大变形，这时可以用直径较大一点的钻头进行锪孔镶套。

十二、冲模工作零件修复

模具的工作零件是模具的核心部件，它直接关系到制品的成形及制品的精度。这些工作零件一般加工比较复杂、加工成本较高，也是在模具工作中易于损坏的部件。因此，在修理工作零件时，要认真考虑修复办法和方案。如何对待这个问题，将直接影响到模具的修理质量、周期及经济性。在修理时，更换新的零件，从某种意义上讲（在备件充足的情况下）可以缩短修理周期，但是最大的缺点是不太经济。因此，在修理时，对于被损坏的工作零件，尽量在原件基础上能修复的想尽办法修复。这样可以大量节约贵重原材料，可以降低维修成本、节省大量的工时。在结构或工作性能许可的情况下，应尽量使其修复使用。即使被暂时更换下来，也不要将其随便抛弃，而应尽可能地把它保留下来，死马当做活马治。经重新修复后，准备下次更换，再使其继续服役、发挥效益。

1. 冲裁模工作零件的修复

冲裁模的凸、凹模经长期使用或多次刃磨后，会使刃口部位硬度降低、间隙变大，并且刃口的高度也逐渐降低。其修复的方法，应根据生产制品的数量、制品的精度要求及凸、凹模的结构特点来确定。

(1) 挤捻法修整刃口 对于生产量较小、制品厚度又较薄的落料凹模，由于刃口长期使用及刃磨，其间隙逐渐变大。要减小变大了的间隙，可以采用锤击挤捻的方法使刃口附近的金属向刃口边缘移动，从而减少凹模孔的尺寸（或加大凸模尺寸）达到缩小间隙的目的。其方法是：首先将凹模或凸模的淬火硬度降低至38～40HRC，即在其局部加热后，再用敲击面是光滑球面的锤子，沿着刃口的边缘均匀而细心地依次进行敲打挤捻，然后再用压印的方法把刃口修整出来，再进行热处理淬硬即可使用，如图7-5所示。

用挤捻法修整凸、凹模刃口时，对于形状比较复杂的凸、凹模更要耐心细致。为使敲击得更准确，可以利用一端头较硬和较平整的钢棒来帮助敲击、挤捻，如图7-6所示。

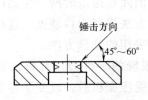
图 7-5 挤捻法修整刃口

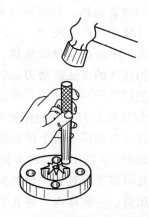
图 7-6 复杂刃口的挤捻

采用挤捻法修整冲模刃口，一般应加热后敲击。这样才可使金属的变形层较宽较深，修理后的冲模耐用度才会更高，寿命会更长。

(2) 修磨法修整 在修理冲模时，要尽量减少冲模的拆装次数。因为拆装次数太多，会使冲模精度降低，影响冲制质量。冲模工作一段时间或凸、凹模刃口正常磨损后，尽量以钳工修磨的方法为主。即在修磨时，可用几种粗细不同的油石加些煤油在刃口面上细心地、一次一次地来回研磨，直到将刃口磨光滑锋利为止。采用这种办法可不要将冲模卸下，直接在压床上刃磨，既节省时间又延长了模具的使用寿命，是一种简单有效的修磨方法。

(3) 镶嵌法修复刃口 当冲模的凸模、凹模损坏而无法使用时，可以用凸、凹模相同材料的镶块镶嵌后，再修整到原来的刃口形状及间隙值继续使用。其方法是：

第一步：将损坏了的凸、凹模进行退火处理，使硬度变小。

第二步：把被损坏或磨损部位割掉，用线切割或手工锉修成工字或燕尾形槽。

第三步：将制成的镶块镶嵌在形槽内，镶嵌得要牢固，不得有明显缝隙。

第四步：大型镶块可用螺钉及销钉固紧，小型镶块也可以用螺纹塞柱塞紧后，再重新钻孔修磨。如图 7-7 所示。a) 是将刃口处割掉，镶入整体镶块。b) 是单侧刃口破坏后，镶入单侧镶块，c) 是用电火花加工去掉局部，并镶入局部镶块。

第五步：镶嵌后的镶块按划样加工成形，并修磨刃口。

第六步：将修整好的凸、凹模刃口重新淬硬、修磨后即可使用。

(4) 锻打法修复刃口 凸、凹模工作一段时间后，由于磨损间隙变大或刃口局部损裂时，可以先把刃口平面尽量磨得锋利些，并用细油石研光，制件的质量就会马上得到改善。当间隙大得实在不能用磨刃口的方法来纠正制件的缺陷时，

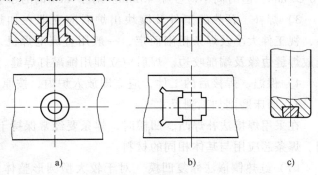
图 7-7 镶嵌法修整凸、凹模刃口
a) 整体镶块 b) 单侧镶块 c) 局部镶块

可以采用局部锻打的方法去根本改变刃口的尺寸。其方法是先利用氧乙炔气焊喷嘴沿着刃口

边缘慢慢移动将其加热，等到发红后即可用普通锤子去敲击刃口，以改变刃口的尺寸（缩小凹模口尺寸或增大凸模尺寸）。待刃口各部的延展尺寸比较均匀（一般 0.1~0.2mm）后，则应停止敲击，不过还应继续加热，保持几分钟时间，以消除在敲击时所产生的内应力。待冷却后，采用压印的方法修磨刃口，再用火焰表面淬火的方法提高刃口硬度。这样修好的冲模其工作性能相当于一个新的，性能较好。也是一种常常采用的维修方法。

（5）镦压法修复刃口　利用镦压法修复刃口就是把报废的零件刃口部分加热到适于锻制的红热状态，放在压力机上给其施加一定的压力，使其受压变粗后，改变了零件的内孔与外缘尺寸，如图 7-8 所示。这种方法，可以说在修理中比较实用，在修复复合模凸、凹模时很方便，而且可以充分延长冲模的最大使用寿命，对于节约材料和节省检修工时都具有现实意义。但镦压后，一定将内、外孔修整到原来的形状及尺寸。

（6）焊补修复法　对于大中型冲模，当凸、凹模发现有裂纹及局部损坏时，可以利用焊补法来对其进行修补，其方法是：

1）焊前的准备工作　将啃坏部分或崩刃部分的凹模（凸模）用砂轮磨成与刃口平面成 30°~45°斜面，宽度视损坏程度而定，一般为 4~6mm。假如是裂纹，则可用砂轮片磨出坡口，其深度应根据镶块大小而定；若是内孔边缘崩刃，应按内孔直径先轻压配一根黄铜芯棒于凹模孔内，如图 7-9 所示。

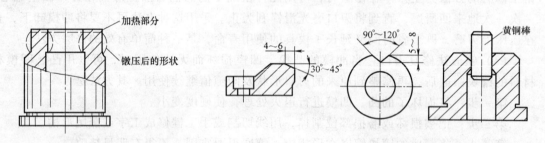

图 7-8　用镦压法修复刃口方法　　　　图 7-9　焊补修复法

2）预热　对于 Cr12MoV，9CrSi 等材料的镶块，先按回火温度预热，加热速度为 0.8~1.0℃/min，但时间不应少于 45min。对于 T10 钢的小型镶块可以不必预热即可。

3）焊补　预热的工件及壤块出炉后应立即在加热炉旁进行焊补。焊接需要的电流大小，视工件大小及焊条粗细而定，一般用直流电焊机，120A 左右。电流不能太大，太大会造成焊缝边缘及端部咬边。焊后应立即用锤敲打焊缝，以破坏其表面应力。

4）保温　焊接后的工件，应立即放入炉内，按原温度保温 30~60min，随炉空气冷却。

5）磨床磨削加工到尺寸

在采用焊接法补焊凸、凹模时，焊条要经常保持干燥，否则焊缝处会出现气孔，影响使用。焊条芯应用与基体相同的材料。

（7）红热镶嵌法修复凹模　对于较大型圆形整体凹模，当其内孔使用一段时间后，超出使用范围而不能再修整时，可以采用红热镶嵌法来进行修复。如一副内径为 φ200mm 的凹模，磨损后使制品外径超差，其修理的方法是：

1）将损坏的凹模退火，按要求车削成规定形状、尺寸，使其当作固定底座。

2）用相同的材料，按固定底座内孔配车新的凹模镶块，其内、外径须留有加工余量。

3) 将镶块热处理淬硬。

4) 将淬硬的镶块进行磨削加工,其尺寸要比固定底座内径实际尺寸大一些。

5) 将固定底座在300~400℃的炉中加热,然后将镶块放入固定孔内,冷却后即可成为一体。

6) 精加工镶块内孔到原凹模内孔尺寸

7) 按需要在结合面上定位焊使其固牢,如图7-10所示。

8) 平磨及修整刃口到尺寸即可使用。

用这种方法修理凸、凹模可以节约大量的贵重金属材料,且方法简单、易行。

对于大中型圆形复合模,如果圆形凸、凹模是整体结构,也可以采用上述方法修复,如图7-11所示。

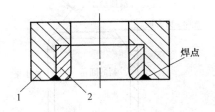

图7-10 红热法修复凹模
1—凹模原本体 2—镶块

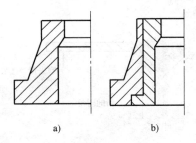

图7-11 大型凸、凹模改制
a) 改制前 b) 改制后

(8) 套箍修理法 对于凹模孔形状复杂外形又不是很大的凹模,若形孔发现裂纹,可以采用套箍法将其箍紧,使裂纹不再发展,可继续使用,如图7-12所示。其方法是:将套箍2加热烧红后,把裂损的凹模1压入赤红的套箍2中。待冷却后,由于热胀冷缩,有裂纹的凹模就被紧紧地箍套在套箍中。由于裂纹受到套箍四周的预应力作用,在使用时不会再顺其发展,从而可增加凹模使用寿命。

对于大中型冲模的方形凹模,可采用图7-13所示的加链板形箍法修理。在修理时,将链板加热后并由拉紧轴3定位。待冷却后,由于链板孔中心距收缩,可由拉紧轴将裂纹拉严固紧。

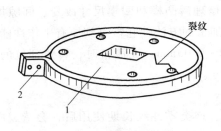

图7-12 套箍修理法
1—凹模 2—套箍

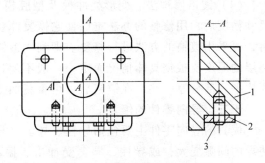

图7-13 加链板形箍修理凹模
1—底座 2—链板 3—拉紧轴

2. 变形类冲模及型腔模的修复

变形类冲模如弯曲模、拉深模及型腔模经长期使用后,除了因裂纹而需要修补或更换新的备件外，常见的损坏主要是因磨损而引起的质量下降。如压弯模凸模圆角磨损后会引起制品侧面孔位上移；翻边模的凹模磨损后引起的制品翻边不齐；拉深模的凹模磨损后造成拉毛、起皱等。其修复方法主要有以下几种：

(1) 修磨修复法　在修理变形类冲模时，修磨是常采用的一种修理方法。如图 7-14 所示的压弯模，凸模圆角被磨损后，应在平面磨床上先将底面磨去，其磨量值大于圆角的磨损量。随后再将砂轮打修成所需要的圆角，在凸模上磨出新的圆角。

对于凹模的磨损，除圆角外其工作侧面也有相应的磨损，所以在修理时，除了将刃口部位磨去外，也应将侧面磨损部位磨去。但侧面磨量不要太大，只要将拉毛的沟槽磨平即可。侧面磨削后其尺寸会变小，为不影响使用，可以采取背面加垫的方法加以补偿，如图 7-15 所示。

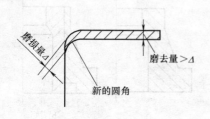

图 7-14　凸模的修磨

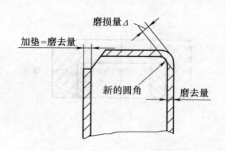

图 7-15　凹模的修磨

(2) 镶嵌加箍法　对于裂损了的凸、凹模，其修复方法与冲裁类冲模一样，可以采用镶嵌拼块的方法进行修补。对于裂纹不大的凸、凹模也可以采用加箍法将其箍紧，不要再往大扩展。对于较大型镶块碎裂后也可以采用焊补的方法进行修配。在修配中，破损部位的去除是比较困难的事，因为硬度较大，难以加工。在有线切割设备时，可借助于线切割切掉。若条件所限，没有线切割设备，那只有将其退火软化后再修复。

(3) 焊接修理法　如果型腔模型腔裂纹或掉渣损坏，可以采取用相同材料的焊条，用电渣焊或电弧焊堆焊的方法进行焊接，然后修磨后即可使用。对于塑料模还可以采用铜焊及环氧树脂粘补的方法修理损坏了的型腔及型芯。

(4) 镀铬修理法　变形类冲模及型腔模表面被磨损后失去了原有的表面、几何形状和尺寸精度后，用修整的办法难以使它恢复原状（指修理后凸模和凹模尺寸改变、间隙加大）时，可采用镀铬的方法进行修复。即利用镀铬后再加工的方法使它恢复到原有工作性能。镀铬层的厚度要根据具体情况而定，一般不超过 0.02 ~ 0.03mm。在镀铬时，转角部位的镀层要比平直部分厚一些，在镀铬后，再重新加工到尺寸。

十三、导向零件的修复

模具的导向零件主要包括导柱、导套、导销等。这类零件经长期使用后，会造成磨损，使导向间隙变大；或导柱、导套受冲击、振动后，导柱、导套与底座松动，影响了导向精度，进而会失去导向作用，致使模具在继续使用时，工作零件啃刃、崩裂，造成模具的破损。所以，模具工作一段时间后，必须要对其进行检查。在检查时，可用撬杠将上模撬起，双手撑住上模左右晃动几下。若发现上模在导柱中摆动，则证明导柱、导套配合间隙偏大，应马上停机进行修配。其修配的方法是：

1) 将导柱、导套从冲模中卸下,并磨光表面和内孔,使之粗糙度值降低。
2) 对导柱进行镀铬。
3) 镀铬后的导柱与研磨后的导套相配合,并进行研磨,使之恢复到原来的配合精度。
4) 将经研磨的导柱、导套抹一层薄润滑油,使导柱插入导套孔中。这时可用手转动或上下移动,待不觉得发涩或过松时即为合适。
5) 将导柱压入下模板,压入时需将上、下模板合在一起,使导柱通过上模板再压入下模板中,并用90°角尺测量以保证垂直于模板,不得歪斜。
6) 用90°角尺检查后,将上、下模板合拢,用手感检查配合质量。

若导柱、导套磨损太厉害而无法镀铬修复时,应更换新的备件重新装配。

任 务 实 施

一、任务分析

教师发放学习说明书,学生接收并研读说明书,确认本技能训练中所用模具的故障(或教师设计的故障),明确该项目任务内容和目标。

二、制订工作计划

教师讲解模具工作原理后,明确模具故障原因与解决措施,制定小组成员的作业计划(该表可参考表5-8)。

研读并巩固前面的"理论知识"部分内容,结合教师发放的学习操作说明书,编制材料和工具清单(可参考表5-9)。

考评观测点:

- 小组工作计划　　　　　　(★★★□　★★□　★□)
- 材料和工具清单　　　　　(★★★□　★★□　★□)

三、设计工艺流程

1. 修模工艺

讨论修模工艺路线,并编制工艺顺序卡(小组讨论编制),反复检查后上交教师审核并确认。

2. 试模工艺

设计模具调试方案,编制试模工艺卡。

考评观测点:

- 工艺顺序卡　　　　　　　(★★★□　★★□　★□)
- 安装和试模纪录卡　　　　(★★★□　★★□　★□)

四、修理、装配、安装和调试

以小组为单位根据制定的工艺流程进行协同作业,小组之间注意分工合作,详细纪录过程情况。同时,接受教师的监控和指导,关注教师的示范。

五、检查模具修复效果和试模产品质量

在教师的监督下,小组内先检查故障点排除情况,并填写产品质量检测卡。小组之间再

相互交换，先检测模具装配质量，再检测试模产品质量，并填写产品质量检测卡。

考评观测点：

产品质量检测卡　　　　　　（★★★□　★★□　★□）

六、考核评价

教师或专家根据前述考评观测点的成绩，以及学生的实训报告，给学生客观评价，并提出发展性的建议。

考评观测点：

实训报告　　　　　　　　　（★★★□　★★□　★□）
一生一卡　　　　　　　　　（★★★□　★★□　★□）

拓展练习

讨论如何提高模具的使用寿命。

参 考 文 献

［1］ 杜文宁．工具钳工工艺与技能训练［M］．北京，中国劳动社会保障出版社，2008．
［2］ 谢增明．钳工技能训练［M］．北京，中国劳动社会保障出版社，2005．
［3］ 陈宏钧．钳工操作技能手册［M］．北京，机械工业出版社，2006．
［4］ 李永增．金工实习［M］．北京，高等教育出版社，1996．
［5］ 董永华，冯忠伟．钳工技能训练［M］．北京，北京理工大学出版社，2006．
［6］ 机械电子工业部．模具钳工工艺学［M］．北京，机械工业出版社，1993．
［7］ 李学锋．模具设计与制造实训教程［M］．北京，化学工业出版社，2004．
［8］ 成百辆．模具制造技能［M］．北京，清华大学出版社，2005．
［9］ 欧阳永红．模具安装调试及维修［M］．北京，中国劳动社会保障出版社，2005．

参考文献

[1] 陈宝智. 王金波. 安全管理[M]. 2版. 天津: 天津大学出版社, 2006.
[2] 隋鹏程. 陈宝智. 隋旭[M]. 安全原理. 北京: 化学工业出版社, 2005.
[3] 张景林. 崔国璋. 安全系统工程[M]. 北京: 煤炭工业出版社, 2006.
[4] 张景林. 林柏泉. 安全学[M]. 北京: 煤炭工业出版社, 1996.
[5] 吴穹. 许开立. 安全管理学[M]. 北京: 煤炭工业出版社, 2002.
[6] 田水承. 景国勋. 安全管理学[M]. 北京: 机械工业出版社, 1992.
[7] 张跃. 邹寿平. 陈星桥. 模糊数学方法及其应用[M]. 北京: 煤炭工业出版社, 2001.
[8] 罗云. 程五一. 现代安全管理[M]. 北京: 化学工业出版社, 2005.
[9] 刘铁民. 张兴凯. 刘功智. 安全评价方法应用指南[M]. 北京: 化学工业出版社, 2005.